其文建
他物筑

北京古建文化丛书

北京市古代建筑研究所 编

北京出版集团公司
北京美术摄影出版社

图书在版编目（CIP）数据

其他文物建筑 / 北京市古代建筑研究所编. — 北京 ：
北京美术摄影出版社，2014.9
（北京古建文化丛书）
ISBN 978-7-80501-688-7

Ⅰ．①其… Ⅱ．①北… Ⅲ．①古建筑—建筑艺术—北
京市 Ⅳ．①TU-092.2

中国版本图书馆CIP数据核字(2014)第176276号

北京古建文化丛书

其他文物建筑
QITA WENWU JIANZHU

北京市古代建筑研究所　编

出　　版	北京出版集团公司
	北京美术摄影出版社
地　　址	北京北三环中路6号
邮　　编	100120
网　　址	www.bph.com.cn
总发行	北京出版集团公司
发　　行	京版北美（北京）文化艺术传媒有限公司
经　　销	新华书店
印　　刷	北京盛通印刷股份有限公司
版　　次	2014年9月第1版第1次印刷
开　　本	889毫米×1194毫米　1/16
印　　张	16.25
字　　数	260千字
书　　号	ISBN 978-7-80501-688-7
定　　价	78.00元

质量监督电话　010-58572393

编委会

总序

　　漫漫3000多年的建城史和悠悠800多年的建都史，留在北京这片土地上的是3500多处文物古迹的记忆。从蜿蜒于崇山峻岭的长城到炊烟袅袅的村庄，从帝王施政与生活的宫殿、休憩娱乐的园林到身后归葬的陵墓，从祭天拜祖的皇家坛庙到晨钟暮鼓的宗教寺观，从气派的王侯府第到恬静的普通民居，从湮没于荆棘中的漫漶碑碣到高耸入云的巍巍宝塔，它们赋予北京这片土地的是深厚的文化积淀和底蕴。

　　近些年来，随着社会文明的发展，文化遗产的保护越来越受到社会各界的关注，文物古迹的保护事业从广度和深度上都得到了空前的发展。北京作为文物大市，大多数文物建筑都得到了有效的保护。为了更加充分地展示和传播这些珍贵遗产所包含的丰富文化内涵，北京市古代建筑研究所组织编写了《北京古建文化丛书》。

　　这是一套用文字、照片和图纸记录北京现存的优秀文物建筑的书籍，我们希望用这种方式永远地记录下这些承载着悠悠千年北京历史、见证着北京兴替、凝结着古人聪明才智的艺术瑰宝。

　　这套丛书从建筑的思维出发、以文物的角度审视、用艺术的眼光探察，旨在唤起读者对这些积淀着深厚传统文化、散发着无尽艺术魅力的文物建筑的热爱之情，以达到传承和弘扬我们祖国优秀传统文化的目的。

　　这套丛书按照北京现存文物建筑的类型和风格分成十大类，每一大类成一卷，每卷都选取本类型最具典型性、代表性和特色性的文物建筑加以叙述，全面、系统地反映了北京文物建筑的整体面貌、类型特色和细部特点。

　　《北京古建文化丛书》总计100多万字、4000多幅照片和数百幅建筑墨线图，一方面是前人经验成果的延续，另一方面也是对我们多年来工作经验和成果的一种总结。

北京市古代建筑研究所

凡例

一 本书为《北京古建文化丛书》中的一卷，介绍北京地区的其他文物建筑。

二 本书收录的内容是从除城垣、坛庙、宫殿、寺观、府邸宅院、园林、陵墓、桥塔、近代建筑以外的其他文物建筑中，选取的具有代表性和典型性的实例，时间截至民国时期。

三 本书收录对象的建筑形式为中国古代建筑形式。清末兴建的一些衙署、新式高等学堂等，多为西洋建筑形式，本卷未收录。

四 旭华之阁为原宝相寺中仅存之建筑，寺院今无存，无法窥其原貌，故收入本卷。

五 本书用文字、图纸和照片相结合的形式，力求从宏观到细节系统全面地展示、解读北京其他文物建筑的建筑艺术特色和取得的成就，并以这种方式真实地记录北京的这些古代建筑。

六 本书内文包括北京的其他文物建筑概述、北京的其他文物建筑实例。

七 建筑实例：衙署章节按照为皇家服务的衙署、中央衙署、地方衙署顺序排列；学府、书院章节按照中央官学、八旗官学、地方官学、书院顺序排列；会馆章节按照同乡会馆、行业会馆顺序排列；名迹、村落等章节按照特殊功能建筑、名迹、村落、大运河顺序排列。

八 2010年7月，北京市政府对首都功能核心区行政区划进行了调整，本书涉及的行政区域名称仍沿用调整前的行政区域名称。

目录

北京的其他文物建筑

北京地处中国华北平原北端，历史悠久，有着3000多年的建城史和800多年的建都史。自秦汉以来，北京一直是中国北方的军事和商业重镇。辽代，辽南京（今北京）成为陪都。金贞元元年（1153年），海陵王完颜亮为加强对金国的统治，同时也为增进与中原地区的经济文化交流，遂定都中都（今北京）。元代，作为都城的元大都规划整齐，布局严谨，在当时的世界上享有盛誉。此后历经明、清的发展，作为封建王朝政治、经济、文化中心的北京有着丰厚的历史文化。北京是一个先有计划而后建设的城市，汲取了历代都城建设的精华，城市功能、市政设施完备，建筑体系完整，在中国古代城市规划中首屈一指。当时的北京地区集中了全国的能工巧匠，建造了若干内涵丰富、类型多样的古建筑，除城垣、宫殿、坛庙、园林、府邸宅院、寺观、陵墓、桥塔等建筑类型，尚有衙署、学府、书院、会馆、楼阁、仓廪、店铺、景观等建筑类型。各种类型建筑位置的分布，建筑与建筑之间的相互配合，构成了北京城布局的严整秩序。北京的建筑蕴涵着深厚的传统文化精神，其中的历史文化信息对于了解北京地区古代社会的历史面貌提供了宝贵的实物资料。

一、北京古代的衙署

衙署，《周礼》称官府，汉代称官寺，唐代以后称衙署、公署、公廨、衙门。衙署建筑是北京地区古建筑的一个重要组成部分。随着朝代更迭，北京政治地位的变化，北京地区的衙署建筑也经历了一个变化发展、逐渐完善的过程。

（一）北京古代衙署概述

中国古代衙署可分为三大类：中央衙署、地方衙署以及专门负责管理皇族事务的衙署。中央衙署和专门负责管理皇族事务的衙署多设在都城，地方衙署则分布在各自的辖区内。中央衙署主要包括政务机构、军事机构、监察机构、宗教机构等掌握国家大政方针的机构。各衙署的位置、规模都由朝廷统一规划，按照等级分别修建。

1.辽金元时期

辽以前记载北京地区衙署的史料甚少。辽代，辽南京设置衙署众多，如南京宰相府、南京三司使司、南京转运使司、南京都总管府、南京宣徽院、南京马步军都指挥使司等。地方行政区域称幽都府，下"统州六、县十一"[①]，十一县是析津县、宛平县、昌平县、良乡县、潞县、安次县、永清县、武清县、香河县、玉河县、漷阴县，各设衙署。开泰元年（1012年）改幽都府为析津府。

金代，金中都的中央行政机构主要分布在皇城之内、宫城之外，在皇城南门宣阳门至宫城南门应天门之间，当中以御道分界，路两侧设御廊，廊之后东侧为太庙、球场、来宁馆，西侧为尚书省、六部机关、会同馆[②]。地方行政区域称大兴府，金贞元元年（1153年），将辽代析津府改为大兴府，下设"县十、镇一"[③]。一镇为广阳，十县是大兴、宛平、安次、漷阴、永清、宝坻、香河、昌平、武清、良乡。大兴县与宛平县又称赤县，分管金中都城外东、西坊乡，不同于一般的府属县，更多的是直接听命于朝廷。府及下辖的各县、镇，均在各自辖区设立文武衙署，负责处理地方日常工作。

元代，元大都作为元朝的政治、经济、文化中心，集中了从中央到地方的各级衙署。中央衙署主要分布在皇城周围，如六部、枢密院、宣政院等。另外，专门负责管理皇家事务的衙署，例如专为帝王生活服务的宣徽院、专为后妃服务的中政院、专为皇子服务的詹事院等，因其服务对象的特殊性，多设在距离皇城较近区域甚至皇城之

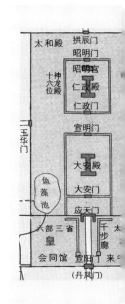

▲ 金中都千步廊外侧衙署分布图（引自《北京史地图集》）

内。地方衙署主要包括：大都路总管府及其下辖的各州县衙门，以及大都留守司及其下辖的府、司、监、寺等负责处理大都地区日常具体事务的地方机构。元至元二十一年（1284年），置大都路总管府，下"领院二、县六、州十。州领十六县"④。二院是右警巡院、左警巡院。六县是大兴、宛平、良乡、永清、宝坻、昌平。十州是涿州、霸州、通州、蓟州、漷州、顺州、檀州、东安州、固安州、龙庆州。州县衙门多设在各自的辖区内。其中，大兴、宛平两县也被称为赤县，大兴县在东，宛平县在西，分管大都城东、西坊乡的日常事务，大都路总管府主要通过大兴、宛平二县来管理大都城。

2.明代

明代，北京作为首都，设中央衙署：吏、户、礼、兵、刑、工六部，鸿胪寺，五军都督府等；设地方衙署：顺天府衙、五城兵马司、五城巡城御史署、大兴县衙等；设管理皇家事务的衙署：宗人府、詹事府等。

永乐迁都之初，并没有及时为各统治机构修建办公用的衙署，各衙门多承元之旧官舍办公，京师衙署的修建始于宣德、正统年间。宣德五年（1430年）二月癸未，"建行在礼部于北京大明门之东。时五府六部皆未建，以礼部所典者天地、宗庙、社稷之重，及四方万国朝觐会同者皆有事于此，故首建之"⑤。正统七年（1442年），四月癸卯，"建宗人府、吏部、户部、兵部、工部、鸿胪寺、钦天监、太医院于大明门之东，翰林院于长安左门之东"。八月癸巳，"建中、左、右、前、后五军都督府，太常寺，通政使司，锦衣卫各卫于大明门之西，行人司于长安右门之西"。十一月壬戌，"建刑部、都察院、大理寺于宣武门街西，詹事府于玉河堤东"⑥。

在修建北京衙署时，中央衙署主要建在大明门内东西千步廊外侧，各前后两排，均东西向，遵循左文右武的原则。东千步廊外侧主要是文职衙署，有宗人府、吏部、户部、礼部、兵部、工部、鸿胪寺、钦天监、太医院；西千步廊外侧主要是武职衙署，有中、左、

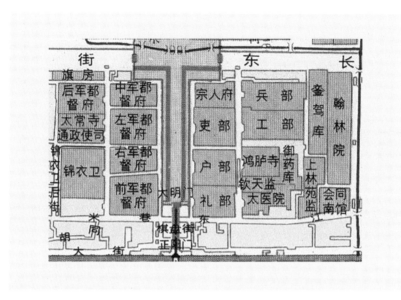

▲ 明东西千步廊外侧衙署分布图（引自《北京历史地图集》）

右、前、后五军都督府，太常寺，通政使司，锦衣卫。这些文武衙署作为中央国家机关，是封建统治系统中不可或缺的一部分，行使着管理全国各种事务的职能，簇拥在中轴线两侧，占据了除紫禁城外北京皇城的核心区域，距离皇城最近。在当时的社会条件下，如此设置是为了保证各中央机构与皇帝之间、各中央机构之间的密切联系，确保行政效率。还有一些中央衙署分布在内城各处，如刑部、都察院、大理寺在宣武门西，四译馆在东安门外，太仆寺在皇城西。管理皇家事务的衙署多分布在皇城内或者距离皇城较近的地方，如詹事府在皇城东玉河岸上，光禄寺在皇城东华门内。

地方衙署则在各自辖区内。明洪武元年（1368年）八月，改元大都路为北平府，永乐元年（1403年）升为北京，改北平府为顺天府，"领州五，县二十二"⑦。五州为通州、霸州、涿州、昌平州、蓟州，二十二县中的大兴县、宛平县依然是两个京县，顺天府通过这两个京县来管理城市。大兴县衙位于安定门以南教忠坊（今东城大兴胡同），宛平县衙位于北安门外以西积庆坊（今平安大街什刹海以西路北）。

3.清代

清代，中央衙署多沿用明代各衙署旧址，主要分布在大清门内、天安门前东西千步廊外侧。坐落在东千步廊外侧由北至南有宗人府、吏部、户部、礼部，位于该组建筑东侧并与其并列的由北至南为兵部、工部、鸿胪寺、钦天监和太医院，再东有銮驾库、庶常馆，最东面为翰林院。坐落在西千步廊外侧由北至南有銮仪卫、太常寺、都察院、刑部和大理寺。在紫禁城内以及内城还分布有一些中央衙署：内阁，位于紫禁城午门内东南隅；军机处，位于紫禁城隆宗门内；理藩院，位于玉河桥东长安街；会同四译馆在玉河桥西。管理皇家事务的衙署也多沿用明代旧署，如詹事府在皇城东玉河岸上，内务府在太和殿广场右翼门外以西、武英殿后正北。

清代实行军政合一的八旗制度，明确规定内城只准住旗人，

▲ 清·光绪二十六年（1900年）户部衙门

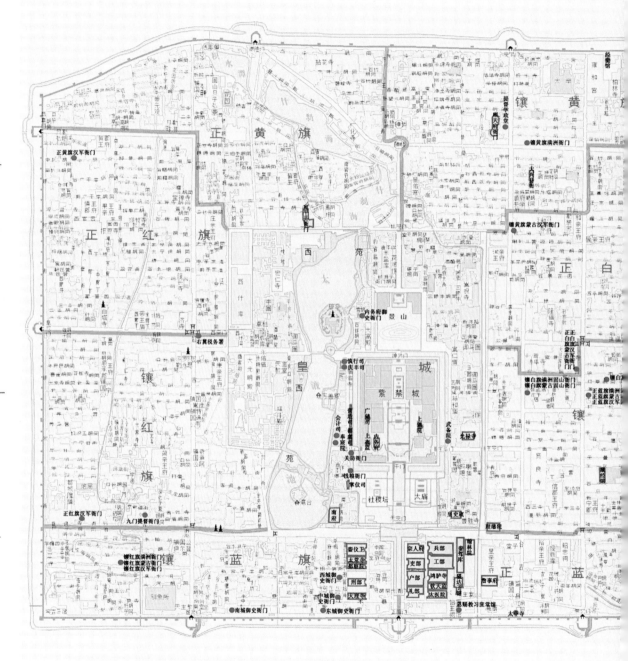

▲ 清·乾隆十五年（1750年）北京部分衙署分布图

内城居民主体是八旗军民。八旗劲旅环卫在皇城四周，保卫皇城的安全，设有八旗都统衙门、值年旗衙门、左翼前锋统领衙门、右翼前锋统领衙门等。值年旗衙门在地安门外雨儿胡同，左翼前锋统领衙门在灯市口本司胡同，右翼前锋统领衙门在阜成门内巡捕厅胡同。

清代，顺天府"领州五、县十九"[⑧]，其中大兴、宛平两县依然是两京县。地方衙署亦多袭明之旧署，俱在各自辖区内，主要有府、州、县衙署，步军统领衙门，五城巡城御史署等。顺天府署在地安门外鼓楼东，大兴县署在安定门以南教忠坊，宛平县署在地安门外积庆坊。步军统领衙门是负责京城内外治安和防卫的机构，初设在宣武门内京畿道胡同，后移到地安门外帽儿胡同[⑨]。五城巡城御史署隶属都察院，下辖五城兵马司，兵马司设指挥、副指挥、吏目各一员。五城巡城御史署的中城署在兵部洼，东城署、南城署在正阳门内西城下道北，西城署在高碑胡同，北城署在红井胡同。

清末，帝国主义的侵略打破了封建帝都的严整格局。光绪二十六年（1900年），八国联军攻入北京，迫使清政府于1901年签订丧权辱国的《辛丑条约》，依据不平等条约，列强在原衙署密集的东交民巷建立使馆区，被占用的衙署有兵部、工部、鸿胪寺、钦天监等。太医院被俄国公使馆占用，翰林院、銮驾库被英国公使馆占用，理藩院被各国俱乐部占用，詹事府被日本兵营占用，四译馆和东城都察院被美国兵营占用，庶常馆被美国公使馆占用，太仆寺被德国公使馆占用[⑩]。原来的衙署被迫迁移，有的衙署就以府邸民宅为临时公所。

面对帝国主义的入侵，清政府被迫通过改革来维持统治。先是于光绪二十六年（1900年）改总理衙门为外务部，裁撤詹事府、通政使司等衙门，设立商部、学部、巡警部。后于光绪三十二年（1906年）在原有中央机构基础上，将太常、光禄、鸿胪三寺并入礼部，将工部并入商部改为农工商部，改户部为度支部，兵部为陆军部，刑部为法

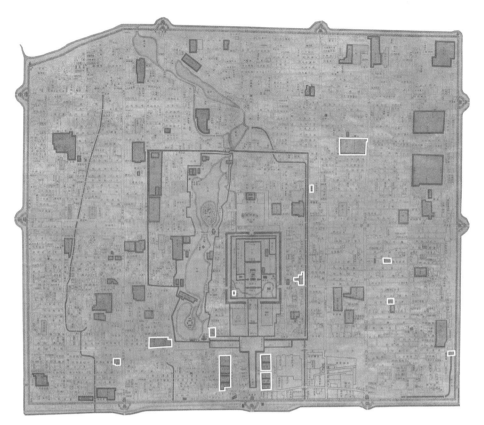

▲ 清·光绪三十四年（1908年）内城中央衙署分布图（引自《详细帝京舆图》）

部，大理寺为大理院，理藩院为理藩部，巡警部为民政部，设立邮传部，在中央设立资政院，其他如内阁、军机处、外务部、吏部、学部等不变。结合《清末北京志资料》和光绪年间《详细帝京舆图》分析，一部分中央衙署仍集中布置在天安门前，如宗人府、吏部、度支部、礼部位于正阳门内户部街；法部、都察院、大理院、高等审判厅等在正阳门刑部街。其余机构则分布在皇城四周：外务部在崇文门内东堂子胡同，民政部在东城石头牌楼北民政部街（旧名勾栏胡同），理藩部在皇城东取灯胡同，陆军部在铁狮子胡同，太医院在地安门外东步粮桥东，步军统领衙门在北城帽儿胡同，资政院在甘石桥西斜街，翰林院在西长安街，农工商部在西四牌楼粉子胡同，学部在宣武门内东铁匠胡同，邮传部在西长安街北，海军部在石驸马大街。

（二）北京古代的衙署建筑

衙署的主要功能是办公，其主要建筑分布在中轴线上，建筑规模视其等级而定。衙署中的主要建筑是正堂，设在主庭院正中。庭前设仪门、廊庑，除使用功能外兼示威仪、等级。平时，官员办理公务多在正厅的附属建筑中，如"吏部穿堂之右屋三楹曰藤花厅，乃吏部长官治事之所"[①]。属官的办公场所依据衙署的大小而定，衙署小的在正厅的两厢，衙署大的则在主庭院旁另建跨院。

1.中央衙署

明清中央衙署最重要的六部五府等均已无存，我们仅能从《乾隆京城全图》中分析其布局。从图中看到，东千步廊外侧前排的宗人府、吏部、户部、礼部基本是按照相同的规制建造，其规模、布局、房屋面阔等基本相同。建筑坐东朝西，分左、中、右三路，以中路为主。中路主要建筑有头门三间、二门三间、大堂五间、后堂五间，吏部、户部和礼部在衙署后部均建有仓库。中央衙署内不允许官员及家

▲ 1912年千步廊

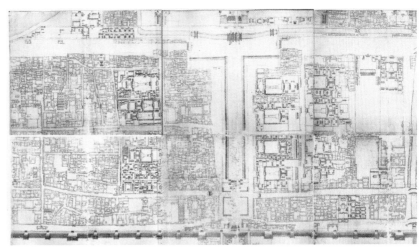

▲ 千步廊两侧衙署分布图（引自《乾隆京城全图》）

属居住。

从图上看，户部保存最为完整。户部大门西向，中路最前为头门，面阔三间，门两侧建有八字影壁。门内为前院，院的东、南、北三面各开一门，东门即二门，面阔三间，是主院的正门。主院东西各有庑房16间，主院正中为大堂，面阔五间，大堂后有穿廊，与后堂相接，构成工字殿，后堂面阔五间。在建筑组群中，建工字殿使两殿相接，内部通行，主要是为了扩大内部空间，显示宏伟的气魄，以重威严。工字殿左右各有一堂，均面阔三间。中路最后一进院落建有仓库。左路、右路对称分布，共有14个小院，结合文献记载，这些小院是按省布置的十四司。二门外前院南北相对的两个小院分别为山西、广东二司；左廊后南夹道内依次是江南、贵州、陕西、湖广、浙江、山东六司；右廊后北夹道内依次是福建、江西、河南、云南、四川、广西六司。衙署内还设有北档房、饭银处、俸饷处、现审处、督催所、军需局等机构⑫。

2.地方衙署

北京地方衙署较完整的实例几乎无存，且单体建筑遗存也很少，仅能从历史资料中分析其建筑布局。

据《光绪顺天府志》中所载顺天府署全图及文字记载可以看出，顺天府署南向，自大门、仪门、大堂、二堂至内宅，"室宇壮丽，规模宏敞"。大门内东有粮马通判署、候审所、土谷祠，西有捕盗营把总署、包公祠、司狱署、照磨署。大堂后设有东、西辕门。治中署在堂后内辕门东，经历署在治中署东，捕盗营千总署在内辕门西。二堂后为府邸，宅西北为演耕所⑬。土谷祠与演耕所的设立，体现了顺天府掌管京畿农事的特点。衙署内有大量的文牍、档案需要保存，因此建有架阁库。

另据史料记载，大兴县衙与宛平县衙布局基本相似，均是南向，自大门、仪门、大堂、二堂至署内共六层，署内建有监狱、

其他文物建筑

▲ 顺天府署全图（引自《光绪顺天府志》）

土地祠、典史署等。宛平县衙内监狱有明确记载建在大门内西[14]。

再如昌平州署，中轴线上主要建筑有大门、仪门、正堂（司牧堂）、二堂（澹然堂）。大门内左为土地祠，右为监狱。其内宅不在中轴线上，而是在东路另建跨院[15]。

根据以上记载可知，北京地方的府、县衙署多南向，其主体建筑多坐北朝南，分布在中轴线上，主要有大门、仪门、大

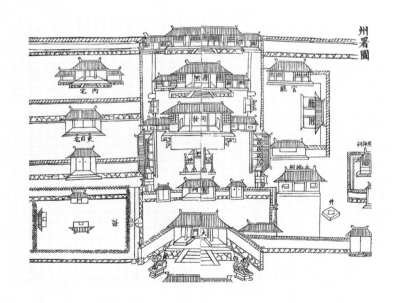

▲ 州署图（引自《光绪昌平州志》）

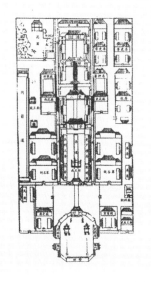
▲ 直隶总督署全图（引自《直隶总督署简介》）

堂、二堂等，设有各种办公机构，中轴线东西两侧各有一路对称的辅助建筑。内宅供官员和家眷居住，有的设在中路的后部，有的在中路旁边另建跨院。府、县署内多建有祭祀性建筑，如土谷祠，体现衙署掌管一方农事的特点。署内设监狱，监狱多布置在大门内西侧，古人认为西南为坤地，正对"鬼门"，故监狱多设在此。

北京的地方衙署与全国其他地区的地方衙署相比，在建筑布局上大同小异。以河北直隶总督署为例，总督署坐北朝南，以两条南北更道将总督署分为中、东、西三路。主体建筑集中在中路，主要有大门、仪门、大堂、二堂、官邸、上房，并配以左右耳房、厢房等。署内亦建有祭祀性建筑，如大门内东侧建有武成王庙、衙神庙，在西路还建有龙神庙等。在行政关系上，顺天府隶属于直隶总督署，故直隶总督署的建筑规模比顺天府署稍大。

北京的地方衙署，尤其是顺天府和两个京县，职能要比其他地区同级别的府、县划分更为详细、具体。例如，一般地方衙署中均建有科房，对应中央吏、户、礼、兵、刑、工六部职能，为吏科、户科、礼科、兵科、刑科、工科。而作为京县之一的大兴县衙，分科更为详细，"循两阶而前为六房，东曰吏房，曰户房，曰粮科，曰礼房，曰匠科，曰马科，曰工南科；西曰兵北科，曰兵南科，曰刑北科，曰刑南科，曰工北科，曰铺长司，曰架阁库，曰承发司"。

北京古建文化丛书

其他文物建筑

012

对于这种情况，知县沈榜云："制比外州县，分科稍烦，盖有官府之事在焉。"⑯

二、北京古代的学府、书院

（一）北京古代学府、书院概述

北京古代的学校主要有官学和私学，二者共同存在、共同发展。直到元代，书院在北京的出现才打破了这一地区原有的学校教育格局。

1.北京地区的官学

根据史籍记载，北京至少在西周时期的燕国就已经开办了学校，"学在官府"即学校都是官办。当时的官学分为设在都城内的"国学"和按行政区划设立的地方官学——"乡学"。在西周中期形成以礼乐为中心的"六艺"教育，即礼、乐、射、御、书、数，目的是培养文武兼备的人才。

春秋战国时期，礼崩乐坏，战争频繁，社会动荡，学校难以为继。在思想、文化方面出现百家争鸣的现象，在其影响下，官学日渐衰败，私学大量兴起。这一时期记述学校建筑情况的文献甚少。

自秦、两汉、魏晋南北朝、隋唐到五代，今北京地区教育状况随着朝代更迭、国家政策方针的改变发生着变化，时而兴盛、时而衰败。但总体而言，学校教育还是不断向前发展的。这时期，北京地区学校的建筑情况记述较少。

辽金时期，随着北方游牧民族的崛起，北京的政治、经济地位发生了巨大的变化，逐渐成为北方的政治、经济中心，相应地也变为北方的教育中心。辽代仿照汉族封建政权，实行科举制度，在全国范围内招揽人才，在南京（今北京）设立国子学，"南京学，亦曰南京太学，太宗置"⑰。北京地区所属各州县均设地方官学，州称州学，

▲ 国子监辟雍

县称县学。金代，北京升为国都即金中都，是金王朝的政治、文化中心，共有三所中央官学：国子学、太学、女真国子学。此外，还设立一些特殊的专门学校，如学习天文历法的司天台学、专为教授宫女而设的宫女学校等。北京地区的地方官学有大兴府学、女真府学、诸州学、大兴府医学等。有关这一时期学校的建筑情况亦记述甚少。

到元朝立国建都，北京成为名副其实的全国教育中心。元太宗五年（1233年），元代在燕京（蒙古改金中都为燕京）设立学校。国子学是元代全国最高学府。至元六年（1269年），元世祖诏令正式设学，学址先在元大都城南城，至元二十四年（1287年）迁到现在国子监的位置，同时设立管理机构——国子监，专门负责教育工作。国子学是专门学习汉文化的学校，主要学习儒家经典。国子学校舍共有167间，设有教师办公区、休息区、学生学习区和仓库。学习区为"六馆"，又称"六斋"，分为上、中、下三等，每等各两斋，东西相向，学生根据学习程度在不同的斋学习，学有所成即可升斋⑱。元代的中央官学除国子学外，另设有蒙古国子学和回回国子学。蒙古国子学主要教授蒙古文字，入学者主要是蒙古贵族子弟。回回国子学主要培养翻译波斯文字的人才。中央官学还包括培养天文和医学人才的专门学校。元代按路、府、州、县的行政区划，在今北京地区设路、府、州、县各级官学，同时设立诸路蒙古字学、诸路阴阳学、诸路医学等专门学校。

自明成祖迁都北京后，北京既是全国的政治中心，也是全国的文化中心，北京古代学校教育迎来极盛时期，学校建筑也得到极大发展。

明朝时，国子监有南北之分，南京国子监称为"南监"，北京国子监称为"北监"。国子监是全国的最高学府，入监学生被称为监生，其来源有三：一是皇帝亲自指派的勋戚、官僚子弟，称"官生"；二是由各府、州、县地方学校选拔的高才生，称

"民生"；三是外国留学生。明代的中央官学除国子监外，亦设有专业学校，如太医院、钦天监、四译馆等，在负责各自日常工作的同时，兼有培养医学、天文历法、翻译人才的责任，同时还设立武学，培养能征善战的军事人才。明代北京地区的地方官学十分发达，顺天府所属各州均设学，县以下乡里又有社学。

清承明制，国子监仍是全国最高教育行政机关和最高学府，入监的学生有各省荐举的贡生、输银纳捐的监生以及不经考选的荫生。清代教育也有自己的特点，就是重视对族人子弟的教学，广泛设立学校。

清代的中央官学与明代不同之处是八旗分别在本旗地界内设官学一所，属国子监管辖。清初国子监祭酒李若琳上疏言："满洲官员子弟咸肄业成均，而臣衙门在城东北隅，诸弟子往返，晷短途纡，易妨讲习。"他请求在八旗军民居住地另立学，分教八旗子弟。后清政府下令"凡满洲子弟就学者，分四所，以京省生员十人充伴读。十日一赴监考课。春秋演射，各就本处习练。俾文武兼资，以储使用"⑲。直到雍正五年（1727年）整饬八旗官学，"每旗另给官房一所二十余间"⑳，此后，八旗官学由四处改为每旗一处，有了固定校舍。

除八旗官学外，还设有宗学、觉罗学。清代依据与历代清朝皇帝血缘关系的远近，将皇族分为宗室与觉罗两大部分：宗室，是指努尔哈赤父亲塔克世的后世子孙；觉罗，是指塔克世旁支亲属的后世子孙。各旗分别于顺治十年（1653年）设立宗学，雍正七年（1729年）设立觉罗学，同时设有景山官学和咸安官学，教授满汉书，属内务府管理。清代设立的官学还有左翼官学、右翼官学、算学馆、八旗教场官学、八旗蒙古官学、八旗义学、汉军清文字学、圆明园护军营官学、健锐营官学、火器营官学等。清代北京的地方官学大体沿袭明制，普遍建立府、州、县学。位于今府学胡同的顺天府学，就是清代北京地区顺天府所设立的地方官学。

清光绪二十四年（1898年），光绪帝颁布《明定国事诏》，宣布兴办京师大学堂。光绪二十九年（1903年）清政府颁布"癸卯学制"，确定全国从小学至大学统一的学制系统。此后不久，清政府于光绪三十一年（1905年）下令"立停科举，以广学校"，掀起兴办新式学堂的热潮，兴办了一大批高等学校与中、小学学堂。清政府率先将宗学、觉罗学、八旗官学等改为中、小学堂。京师各级地方政府也纷纷兴办中、小学堂，如顺天府设立的顺天中学。京师官绅也积极兴办学校。这一时期兴建的新式高等学堂，建筑形式多为西洋建筑形式，详见《北京古建文化

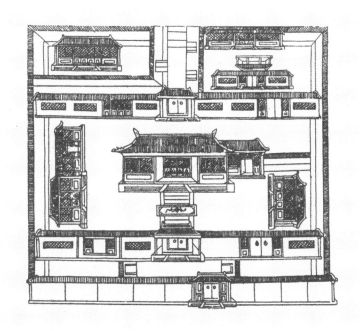

▲ 正红旗官学图（引自《钦定国子监志》）

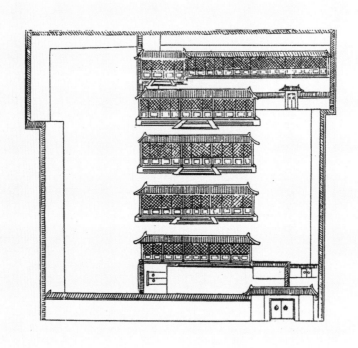

▲ 镶白旗官学图（引自《钦定国子监志》）

丛书·近代建筑》。

2.北京地区的书院

北京地区私学的出现，是在春秋战国时期，主要是教授儿童识字的私塾。此后，随着社会的发展，北京地区的私学也在不断发展。到辽金时期，北京地区的私学仍然是以乡塾为主。直到元代，北京地区才出现了新的教育机构——书院。

"书院"一词产生于唐代，兴于宋代，废止于清代。书院是民间教育机构，由社会集资创建，兼有讲学、藏书、供祀等职能，以学术传播为主，科举为次，在中国古代教育史上占有重要地位。它补充

▲ 顺天府学内敬一亭

官学的不足，纠正官学的弊端，力求创造自己的办学特色。与官学相比，书院讲学比较自由，它面向社会办学，与官学相比受地域、学生身份、学额、年龄等种种限制较少，同时又不同于一般私学的随意性。学生以自学为主，读书与修养并重，师生关系融洽。在名师的指导下学术氛围浓厚，很多书院成为地区性的学术中心。

北京地区直到元代才有书院出现，这与北京地区的历史、地理位置有着密切的联系。北京地区在唐、五代时期是北方军事重镇，多民族杂居，文化相对落后；五代以后，包括北京在内的燕云十六州被割让给辽国，宋与辽、宋与金对峙时期，文化交流又受到阻碍。因此，北京地区错过了唐、宋书院兴起、兴盛的潮流。

元统一全国后，令"先儒过化之地，明贤经行之所。与好事之家出钱粟赡学者，并立为书院"㉑。元代对书院采取保护、提倡和加强控制的政策，给书院的发展带来机遇，大大促进了书院的发展。但是，书院教师由政府任命，政府控制书院的招生、考试等举措，使书院官学化越来越严重，很多书院成为科举的附庸。北京地区共建立三所书院：城区的太极书院、昌平的谏议书院、房山的文靖书院，其建筑今已无存。"书院之设莫胜于元……几遍天下，而在京师者，有太极书院，中书行省杨惟中请建"㉒。太极书院主要教习程朱之学，至清代，其地已无考。谏议书院，建于元泰定二年（1325年），为纪念唐名士刘蕡而建㉓。文靖书院位于房山县西南70里的抱玉里，元代赵密、贾壤建。

明代各种私学都比较发达，义学、各类塾学、冬学、乡学等初级学校和书院共同存在。明代书院的发展经历了曲折的过程，明初重科举、兴学校，非学校出身不许参加科举，对书院不加倡导，故书院不得振兴。直到明中叶，王守仁、湛若水等大力提倡"破心中贼"的主观唯心主义理学，书院才得以渐渐复兴，到嘉靖年间达到极盛。但自嘉靖起，明朝又有多次毁书院的举动。明代北京地区书院见于记载的共有六所：京师首善书院、通州通惠及双鹤书院、密云白檀书院，还有承袭元代的昌平谏议书院、房山文靖书院，其中较著名的是首善书院。据记载，首善书院在宣武门内东城墙下，于天启二年（1622年）开讲，天启四年（1624年）罢讲，有讲堂、后堂各三间，供有孔子牌位，藏有经世典籍。

清初统治者为了防止人们利用书院讲学，聚众成势，反对清朝的统治，对书院竭力采取抑制政策，以致书院萧条，除一些较有名气的书院外，前代建立的大多荒废。康熙年间，清政府采取怀柔政策，笼络汉族知识分子，政策才稍有松弛，书院在官方的控制下逐渐复兴。直至雍正年间，统治者才放宽政策，允许在官府的严密控制下建立书院。在这种情况下，清代书院的数量远远超过前代。在北京地区设立的书院数量为历代之最，遍及京城和所有州县，主要有京师金台书院、燕平书院、潞河书院等。

到清末，推行近代教育的新式学堂纷纷建立，清政府不得不对旧式教育进行改革，光绪二十七年（1901年），全国书院一律改为兼习中、西的学堂，此后，学校仍有称书院的，不过借用其名而已。

（二）北京地区学府、书院建筑的特点

北京地区的学校建筑，其布局形式与北方地区的宫殿、衙署等建筑的布局类似，主要建筑分布在中轴线上，多由一组或并联的几组多进院落组成。

1.官学的建筑特点

官学由官府兴办，建筑整体保持严肃的格调。根据官学级别的高低，建筑规模大小不同。北京地区官学建筑的最大特点是：既有全国最高等级的学校——国子监，又有府学、州学、县学等普通地方官学，这是全国其他地区所不具备的。

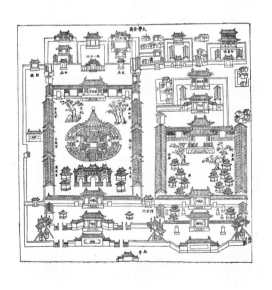

▲ 太学全图（引自《光绪顺天府志》）　　　　▲ 顺天府学全图（引自《光绪顺天府志》）

官学建筑形制的特点是庙学结合，所以学校又被称为"庙学""学宫"。

首先，"学"是庙的存在依据。学的重要组成部分是讲堂和斋舍，所以学校建筑最主要的是大讲堂、斋舍，以讲堂为中心。如国子监的辟雍，作为天子讲学的讲堂，面阔与进深均为三间，位于国子监建筑群的中心位置。在明代，对各级学校斋舍的数量多寡有明确规定，国子监为六斋，一般府学为四斋，州学三斋，县学二斋。

其次，"庙"是学的信仰中心。所有的学宫均设有文庙，两者并列，布局方式多为文庙在左，学宫在右，即所谓"左庙右学"之制，这种建筑形式是按照礼制规定设立的。文庙是祭祀孔子的建筑群，其主要建筑有大成门、大成殿，同时配祀先贤、哲人，包括崇圣祠、启圣祠、文昌祠等。这些建筑并非所有文庙均有，而是根据其规模大小而有所取舍，地方官学中府学、州学的文庙规模较大，县学的文庙规模较小。地方官学的文庙有时往往还附有名宦祠和乡贤祠等建筑。中央官学如国子监、孔庙，遵循"左庙右学"的规制，孔庙即文庙在东侧（左），国子监是太学，在西侧（右）。地方官学如顺天府学，建有乡贤祠、名宦祠、大成殿等建筑，其建筑规模、等级要比附属于国子监的北京孔庙小得多。

2.书院的建筑特点

北京地区书院的发展程度远远不如我国其他书院较发达的地区，这是因为：首先，北京地区书院起步较晚，元代才兴起书院；其次，北京地区书院存在时间较短，如著名的首善书院仅存在两年，还没来得及形成规模就已经关闭；再者，元、明、清三代北京都是国都，天子脚下对文化控制极其严格，北京的书院多为官办，成为官学的附庸，缺乏学术的独立性，没能形成自己的学统。此外，北京地区的书院建筑规模远比岳麓书院、白鹿洞书院等要小得多。

书院的功能以讲学、祭祀为主，故北京地区书院的基本组成部分

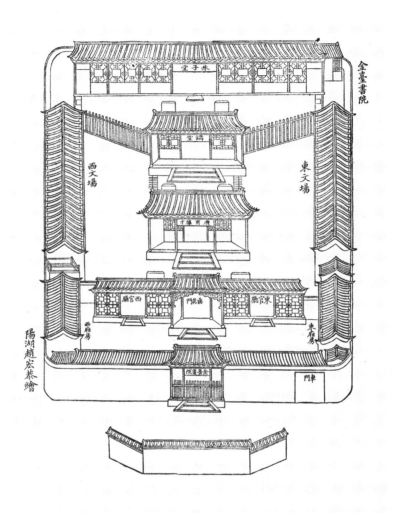

▲ 金台书院图（引自《光绪顺天府志》）

是讲堂、祭祀建筑等。讲堂是教学活动的主要场所，一般处于书院的中心位置，堂前有较宽敞的庭院。祭祀建筑是书院的一部分，所占比例很小。由学者所创立的书院，多祭祀学派宗师；乡绅所建立的书院多祭祀地方先贤；而地方官员所办书院则多祭孔。全国其他较大的书院一般都建有藏书楼，如岳麓书院、白鹿洞书院、嵩阳书院，而北京地区书院由于发展水平较低，没有专门用于藏书的藏书楼。

三、北京的会馆

会馆是旧时同省、同府、同县或同业的人在京城、省城或大商埠设立的机构，主要以馆址的房屋供同乡、同业聚会或寄寓。会馆是一种重要的民间公共建筑，是我国古代建筑类型之一，分布范围很广，在我国许多城市以及欧美、东南亚等华人聚居区内多建有会馆。北京几百年来一直是全国的政治、文化中心，吸引着全国各地各行各业的优秀人才来京就业、求学、经商。随着各省来京人员的增加，北京相继建立起数量众多的会馆。北京地区的会馆在政治、经济、文化上为北京城市的发展作出了突出的贡献。

（一）北京地区会馆概述

北京的会馆历史悠久，伴随着明永乐迁都而出现。随着封建社会科举制度的兴衰和工商业的发展，会馆也经历了由产生到兴盛再到衰败的过程。北京的会馆在明、清两代建立最多，民国时期也有建立，但数量很少。中华人民共和国成立后，市民政局对391所会馆进行调查统计，建于明朝的有33个，建于清朝的有341个，建于民国初

▲ 南海会馆

▲ 全浙会馆

年的有17个^㉔。

北京地区有史可考的最早的会馆，是建于明永乐年间（1403—1424年）的安徽芜湖会馆，由在京官员俞谟捐资创建，位于前门外长巷上三条胡同^㉕。当时的会馆是同乡会馆，并没有规章制度，主要是作为在京同乡官员的聚会之所。乡绅们在会馆中"不仅仅可以聚乡情，寄乡思，而且也包含了互相鼓励、廉洁为公的理想追求"^㉖。随着各省移民的不断增多，各省同乡会组织应运而生，同乡会为了保护乡民利益、维护宗亲制度，纷纷在京修建"同乡会馆"。随着会馆的发展，入馆人员的增加，为了便于管理，同乡会逐步建立起会馆的各项章程，明确会员的权利与义务。

明中叶以后，随着科举制度的发展，服务于科举考试的试馆大量出现。自明永乐十三年（1415年）开始，科举考试的中央考场设立于北京贡院，三年一试，各省举子相继来京赶考。每到考试之年，京城的一些居民便出赁客房供赴试试子食宿，谓之"状元吉寓"，不过此类寓所租价昂贵，"每房三五金或十金"^㉗，一般试子多负担不起。放榜之日，金榜题名者平步青云，正式进入仕途，而落第者则需继续努力，备战三年后的下一次考试。一些家境贫寒的落第考生，因无返家路费，便留在京城半工半读，勉强维持生计，准备三年后再上考场。于是已经在京城站稳脚跟的官员，他们中有些人同情这些考生的境况，或者有些人本身就是出身贫寒，了解个中酸楚，于是会同在京的同乡官员、商贾出资，在已建立的会馆中或是另辟会馆接待同乡的考生，为考生提供住所、饮食的便利。"京师为四方士民辐辏之地，凡公车北上与谒选者，类皆建会馆以资憩息"^㉘。这类专为考生服务的会馆称之为试馆，会馆名字索性就叫某某试馆，如桐城试馆、奉天试馆、宁波试馆、镇海试馆等。清朝末期，科举制度废除，考生不再来京应试，试馆的原有功能丧失。但由于会馆是按同乡籍原则建立的，遂逐渐演变为同乡会馆。

会馆中还有一种重要的类型即行业会馆，它的出现比同乡会馆和试馆晚。由于中国几千年的封建传统思想根深蒂固，商人始终处于被轻视的地位，在首善之区、官员文人考生云集之处尤甚，会馆不许商人住宿。而商人作为流寓之人，同样也需要同乡、同业之间集会、交流的处所。于是，随着明清之际经济的发展，工商业者为了维护自身的利益，为了能有"立商约，联乡谊，助游燕"㉙之处，也开始建立会馆，在明末清初之际，行业会馆随之出现。

民国初年，北京作为首都，继续发挥着政治、经济、文化中心的作用，吸引全国的人才齐聚一堂。会馆继续发挥作用，并达到一个高峰。1928年，国民政府迁都南京，北京改为北平特别市，不再具备首都的地位，政治地位降低，会馆随之萧条。七七事变后，大批人员进一步撤离北京。在随后的战乱年代，会馆的房屋坍塌很多。

中华人民共和国成立后，有的会馆仍发挥着传统的作用，但绝大部分会馆失去了原有的功能。自20世纪50年代中期起，百余座会馆逐步变成了民居或工厂厂房。近些年，政府出资逐步修缮了一些会馆，并对外开放。

（二）北京会馆的分布

明代，北京的会馆在内外城都有分布，但是有明显的区分。"内城馆者，绅是主，外城馆者，公车岁贡士是寓"㉚。内城主要是接待同乡官员的同乡会馆，外城主要是试馆。

清代，会馆分布发生变化，主要集中在城南市区，即正阳门、宣武门、崇文门外一带，均在外城。北京会馆分布的地点、区域相对集中，成为北京城市风貌的一大景观，也是京师文化的一大特色。究其原因，有以下几点：

1.清代实行满汉分制

清顺治五年（1648年）发布旗汉分住令，规定内城中只准住旗人，

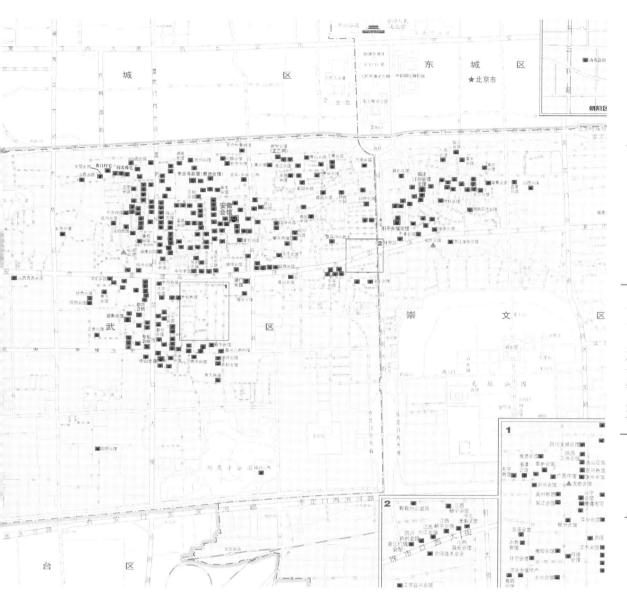

▲ 北京历代会馆分布图（引自《北京文物地图集》）

强令明代建于内城的会馆全部迁到外城，因此北京的会馆几乎全在外城。

2.清代政府机关的分布特点

上京的人员中以地方官吏、赶考的学子、商人居多。清代的六部设在正阳门内的千步廊两侧，因此官吏多从正阳门出入，"四方进士来试南宫者，率皆僦居丽正门外"③。正阳门以东则因崇文门为京城总税卡，管理商务，故多为商人停居之处。因中原和南方各省人员进京，都要经过涿州，然后向北过卢沟桥，进入广安门，所以绝大多数人就近停居宣南地区。今前门大街、大栅栏、天桥、珠市口地区是北京商业和市民文化最集中的区域，因此这里会馆也比较多。综上所述，试馆多集中在宣武门外，商业性会馆多集中在崇文门外。相比较而言，官员、考生较多，商人较少，所以宣武门外会馆多于崇文门外，达到一定规模的正式会馆"在宣武区的约占百分之七十"③；商人中又以山西籍为最，故而崇文门外以经商为主的山西会馆最多。

（三）北京会馆的功能

北京的会馆按性质可概括为三类：同乡会馆、试馆与行业会馆。同乡会馆是由旅居北京的同乡官员建立的地域性会馆，既是进京后的临时寓所，又是处理乡党公共事务的地方。试馆是同乡官员专为招待来京参加科举考试的考生而建，这是北京会馆的一大特点。行业会馆是同地域、同行业的工商业者为了维护本行业的利益，将同行联合在一起，成立的地域性行业组织，维护本行业的规矩，互相帮助，互相照顾。但不论是同乡会馆、试馆还是行业会馆，都是以地域为单位的，它们在功能上存有共性。

会馆是外省进京的官员、考生、商人的临时寓所。"京师为四方士民辐辏之地，凡公车北上与谒选者，类皆建会馆以资憩息；而商贾之业同术设公局以会酌事宜者，亦所在多有。"③按照地域特点建立的会馆负责接待来京的同乡，会馆内的饮食起居仍是按照家乡的习俗，一路奔波的旅人踏入本乡会馆，乡音入耳，倍感亲切。所以进京的人员多选择在会馆居住。

会馆是各界乡人处理本乡或本行业在京各种事务的处所。中国人的地缘意识强烈，旅居北京的各界乡人，好以会馆为依托，会馆也责无旁贷地维护乡人的利益。一方面，凡进京的各界乡人基本都是因处理某件事情而来，俗语说"在家靠父母，出门靠朋友"，会馆以及居住在会馆的同乡理所当然要帮忙。另一方面，旅居北京的乡人凡遇到大事都习惯在本乡会馆举行公议，如乡人与地方政府、同乡与同乡之间产生矛盾时，外部矛盾可以在公议后达成共识，统一口径，内部矛盾可以通过调节和解，避免损伤乡情。

会馆是同乡的联谊会。会馆为旅居北京的各界乡人提供了共叙乡情的活动场所。"我乡贸易诸公，每遇朔望，咸集于此，敬修祀神。虽异地宛若同乡，皆得以敦亲睦之谊，叙桑梓之乐焉。"[34]在每年的重要节日，乡人云集在会馆之中，进行一些祭祀或者娱乐活动，一是相互之间增进了解，二是慰藉游子们的思乡之情。会馆中的祭祀活动是会馆维系乡情不可或缺的重要活动。

（四）北京会馆的建筑特点

各省在京的会馆数量、规模、大小不一，这与各地的经济、文化发展有很大关系。但不论规模大小，会馆建筑的构成与其功能都有着密切的联系，会馆内的建筑都是为了满足同乡暂住、聚会、祭祀、娱乐等需要来构建。

北京会馆的建筑风格多吸取北京地方建筑特色，由多组院落组合而成，多是由旧宅院改建，并经过扩建而成，故会馆的空间布局一般沿两至三条平行的纵轴线展开，各自形成封闭的内院，

▲ 中山会馆大门

北

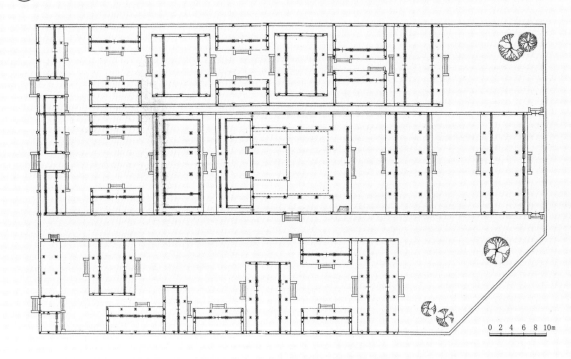

▲ 安徽会馆总平面图

相互之间以墙相隔，互不影响，只有旁门相通。主要建筑一般包括大门、戏台、殿堂、厢房及庭院等。

大多数会馆大门居中，用广亮大门，不像一般住宅大门开在一侧（多为东南方），会馆大门多用如意门、半间门。门上都挂匾，题会馆名称。

戏楼，是会馆内的重要建筑，亦是会馆中的重要组成部分，常常布置在会馆中轴线的最前端，正面向北，是会馆公众集会的地方，小巧玲珑、典雅精致是会馆戏楼的特征。会馆有戏楼由来已久，早期为敬神祈福的场所。当同乡旧友或为京官或为应试举人，每逢朔望节日，相约在会馆欢聚，既有酒席陈列，觥筹交错，更有轻歌曼舞，戏曲助兴，所谓"宴"与"乐"常常是分不开的，因此会馆内一般都有戏楼。戏楼平面一般为正方形或长方形，面积较大，布局宽敞，中间设舞台，四周设雅座、楼座，中间为池座。如逢婚丧嫁娶，在池座摆宴席。有学者统计，早期北京会馆建有戏楼的有20座[⑤]，目前全市尚存四座会馆戏楼：湖广会馆戏楼、正乙祠戏楼、安徽会馆戏楼、阳平会馆戏楼。

一般情况下，客厅都建在戏楼的正北中间，隔着一个院子与戏楼相望，平常多采用面阔五间，是小型集会及宴乐之所。

省级或大府州会馆正厅宽阔，多用作祭祀议事，多数称乡贤祠，用于祭祀同乡的乡贤名士，但也有的在别院另设专祠。行业会馆则多祭祀行业神。

大型会馆常在偏院另设厅堂，面积较大，主要供名人议事，休闲酬唱，节日宴请，展览文玩。此种厅堂造型活泼，装修雅致，庭院幽静，如湖广会馆西院楚畹堂，安徽会馆东院厅堂均属此类。

魁星楼，是会馆里的一个单体建筑，一般规模较大的会馆才建魁星楼，是为了奉祀文昌帝君而设立，平面形状有正方形、六角形、八角形等，多见于试馆。

北京有些大型会馆附有园林，最著名的有安徽会馆的花园（系占用一部分明代孙承泽花园），湖广会馆的花园也很著名。

（五）会馆的历史文化价值

会馆在北京历史上起过重要作用，促进了全国各地多种文化的交流、融合，推动了北京地区的政治、经济、文化发展。

首先，清末民初，民主革命运动风起云涌，北京的会馆成为有识之士的活动场所、宣传阵地。

中国历史上著名的戊戌变法中的变法斗士康有为、梁启超、谭

▲ 康有为

▲ 梁启超

▲ 谭嗣同

▲ 康广仁

▲ 杨深秀

▲ 林旭

嗣同，就分别住在南海会馆、新会会馆、浏阳会馆。康有为多次赴京，居住在南海会馆的七树堂内，在此写了《上皇帝书》，并联络居住在其他会馆的举子们，发动"公车上书"，拉开戊戌变法的帷幕。另外，康有为在南海会馆居住期间，创办进步刊物《中外纪闻》，并组织成立"强学会"，广泛宣传变法。梁启超赴京居住在北京的新会会馆，协助康有为组织维新运动。维新派的活动场所还有南海会馆的"粤学会"、福建会馆的"闽学会"、云南会馆的"滇学会"等。

▲ 正乙祠内刻石

新文化运动时期，陈独秀、李大钊在安徽泾县会馆创办的进步刊物《每周评论》，是新文化运动中的重要刊物。中国新文化运动的先驱鲁迅先生，在北京绍兴会馆寓居七年多，在此期间，他创作了中国新文学史上第一部白话小说《狂人日记》，以及《孔乙己》《药》等众多名作，为新文化运动摇旗呐喊。

1920年，湖南军阀张敬尧镇压进步学生运动，毛泽东率湖南各界驱张代表团赴京，住在湖南会馆内，并在此召开了千人参加的"湖南各界驱逐张敬尧大会"。

其次，会馆戏楼促进了京城文化生活的繁荣，对京剧艺术的形成与发展起了重要作用。

会馆戏楼是北京众多历史文化遗迹中的一部分，从一个侧面反映了北京戏曲发展的历史。旅居北京的同乡，每逢节日，齐聚会馆进行一些祭祀或者娱乐活动，并邀请家乡戏班到会馆中演唱，慰藉思乡之情。一时之间，汉剧、豫剧、蒲剧、昆曲、黄梅戏、梆子等诸多剧种在各自会馆中上演。清初名剧《长生殿》就在孙公园的戏台上演出，《桃花扇》则在寄园的戏台上演出。京城对于戏曲的热衷及良好的市场需求，促成了"四大徽班"进京。徽班进京后，为适应北京观众的需求，不断调整自身的审美定位、剧目风格，并将湖北楚调与徽剧融合，形成新的剧种——京剧，为祖国的戏曲宝库增添了新的瑰宝，并逐渐发展成为"国粹艺术"。许多著名的京剧大师，如程长庚、谭鑫培、卢胜奎、王瑶卿、杨小楼、余叔岩、梅兰芳等都曾在会馆戏楼上展示其才华。

▲ 同光十三绝

　　北京会馆的建筑艺术，会馆内书法石刻、诗文楹联等，都是留给后人的文化遗产。近年来，北京市人民政府加大保护会馆的力度，并投入大量资金用于修缮会馆。

▲ 湖广会馆戏楼内景

四、名迹、村落等

北京还有很多种类繁杂的建筑，涵盖了北京历史文化发展过程中的方方面面，不仅涉及诸如北京鼓楼、钟楼等具有特殊功能的建筑，同时也包括仓廪、商铺、名迹、村落及大运河等，它们在北京历史发展的长河中占据了一席之地，是历史留给后人的宝贵财富，也是北京历史文化的重要组成部分。

在北京众多的文物建筑中，有些建筑不似宫殿般恢弘壮丽，也不比园林华美，然而却是北京城市发展过程中不可或缺的一环，如金中都水关遗址，北京钟楼、鼓楼等具有特殊功能的建筑。

金中都水关遗址发现于1990年，是古代都城排水系统的重要遗存，约建造于金中都修建时期（即金天德三年至贞元元年，1151—1153年）。所谓水关，又称水门、水涵洞、水

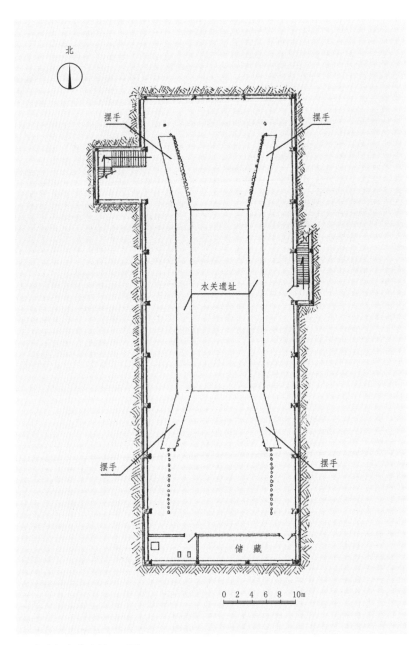

北

摆手   摆手

水关遗址

摆手   摆手

储藏

0 2 4 6 8 10m

▲ 金中都水关遗址平面图

窦，是由早期城内经城墙下向城外延伸的排水管道演化而来，是古代城墙下供河水进出的水道建筑，也是城市重要的给、排水系统。金中都水关遗址平面呈"][""形，南北走向，置四摆手，是迄今发现的唯一一处完整的金中都建筑遗址，也是研究金中都及中国古代建筑和水利设施的珍贵实物资料，2001年被国务院公布为全国重点文物保护单位。

此外，仓廪、商铺和大运河也是较为特殊的一类建筑。仓廪即储存粮食的仓库，北京现存的仓廪建筑主要包括明、清时期用于储存供给朝廷开支的皇家粮米仓之一的南新仓，官仓之一的北新仓和储存官员俸米的禄米仓，同时作为皇家御用的存储窖冰的雪池冰窖也应归属仓廪一类。商铺建筑主要包括临街性商业建筑旧式铺面房等，它们是北京城市商业文化发展的集中体现。大运河则是北京漕运历史的载体与缩影，河道沿线的桥、闸记录了北京古都的漕运史，是研究北京漕运文化的珍贵资料。

诚然，北京作为历史悠久的文化古都，名迹也是其重要组成部分之一，是北京历史文化的缩影，有些更是成为北京这座城市的地标性建筑和景观建筑，如北京中轴线南起点引导建筑燕墩，燕京八景之一的金台夕照等。

除了上述建筑，作为地域性历史文化重要载体的村落建筑也是北京历史文化的组成部分之一。村落是从事农业生产的人们居住生活的聚集地。据考古学调查研究，原始村落出现于新石器时代，这一时期的人们已经从长期的劳动中熟练掌握了制作各种精巧磨制石器的技能，并出现了原始农业，人们不再需要四处迁徙，开始长期的定居生活，逐步形成了村落。此后随着历史的发展和社会生产力的提高，村落也得到了发展，逐渐形成各自独特的村落文化。北京古村落成为目前研究北京村落文化及所在地历史变迁的重要实物资料，在北京历史发展进程中留下了浓重且独具特色的一笔。

北京现存著名的村落建筑主要包括古崖居、爨底下村和灵水村等。其中古代先民所开凿的规模庞大的岩居洞穴群古崖居，以其严谨的规划、巧妙的构思，建造出功能、类型齐全的洞穴，体现了古代先民的聪明才智和高超技艺。而门头沟地区斋堂镇的爨底下村和灵水村，无论从选址、规划、建筑形式还是人文气息，都展现了北京明、清时期古村落的历史风貌，是北京明、清时期村落建筑及文化的典型代表。

北京作为历史文化古都，文物建筑不胜枚举，它们记录了古都北京发展的历史轨迹，是北京历史文化的重要载体，向世人展示了古都北京的悠久历史和丰富的文化内涵。

高　梅　董　良

注 释：

① [元] 脱脱等：《辽史》卷四十，地理志四，中华书局，1974年10月，第494页。
② 郭黛姮：《中国古代建筑史》宋、辽、金、西夏建筑，中国建筑工业出版社，2003年9月，第68页。
③ [元] 脱脱等：《金史》卷二十四，地理志上，中华书局，1975年7月，第573页。
④ [明] 宋濂：《元史》卷五十八，地理一，中华书局，1976年4月，第1347页。
⑤ 赵其昌：《明实录北京史料》（一），北京古籍出版社，1995年12月，第479—480页。
⑥ 赵其昌：《明实录北京史料》（二），北京古籍出版社，1995年12月，第121、126、128页。
⑦ [清] 张廷玉等：《明史》卷四十，地理一，中华书局，1974年4月，第884页。
⑧ 赵尔巽等：《清史稿》卷五十四，志二十九，中华书局，1977年12月，第1894—1899页。
⑨ [清] 周家楣、缪荃孙等：《光绪顺天府志》京师志七，衙署，北京古籍出版社，1987年12月，第205页。
⑩ [日] 服部宇之吉著、张宗平、吕永和译：《清末北京志资料》，北京燕山出版社，1994年2月，第75页。
⑪ [清] 周家楣、缪荃孙等：《光绪顺天府志》京师志七，衙署，北京古籍出版社，1987年12月，第183页。

⑫ [清] 周家楣、缪荃孙等：《光绪顺天府志》京师志七，衙署，北京古籍出版社，1987年12月，第184页。

⑬ [清] 周家楣、缪荃孙等：《光绪顺天府志》地理志四，治所，北京古籍出版社，1987年12月，第677—678页。

⑭ [清] 于敏中等：《日下旧闻考》卷六十五，官署，北京古籍出版社，1985年6月，第1084—1085页；[清] 周家楣、缪荃孙等：《光绪顺天府志》地理志四、治所，北京古籍出版社，1987年12月，第679—680页。

⑮ [清] 缪荃孙、刘万源等：《光绪昌平州志》衙署志第十五，北京古籍出版社，1989年8月，第378页。

⑯ [明] 沈榜：《宛署杂记》第二卷，月字，北京古籍出版社，1983年12月，第15页。

⑰ [元] 脱脱等：《辽史》卷四十八，百官志四，中华书局，1974年10月，第807页。

⑱ [清] 文庆、李宗昉等：《钦定国子监志》卷九，学志，北京古籍出版社，2000年3月，第155—156页。

⑲ [清] 文庆、李宗昉等：《钦定国子监志》卷十，学志二，修建，北京古籍出版社，2000年3月，第158页。

⑳ [清] 文庆、李宗昉等：《钦定国子监志》卷六十七，艺文志，北京古籍出版社，2000年3月，第1176页。

㉑ [明] 宋濂等：《元史》卷八十一，志第三十一，选举志一，中华书局，1976年5月，第2032页。

㉒ [清] 孙承泽：《春明梦余录》卷五十六，《首善书院》，吉林出版集团有限责任公司，2005年5月，第1028页。

㉓ [清] 于敏中等：《日下旧闻考》卷一百三十五，北京古籍出版社，1985年6月，第2178页。

㉔ 北京市档案馆：《北京档案史料》，北京出版社，1997年12月，第5页。

㉕ 何炳棣：《中国会馆史论》，中国台湾学生书局，1966年，第13—14页。

㉖ 王日根：《中国会馆史》，东方出版中心，2007年7月，第43页。

㉗ [清] 震钧：《天咫偶闻》卷三，北京古籍出版社，1982年9月，第53页。

㉘ 李华：《明清以来北京工商会馆碑刻选编》，《新置盂县躔躔行六字号公局碑记》，文物出版社，1980年6月，第89页。

㉙ 李华：《明清以来北京工商会馆碑刻选编》，《重修正乙祠碑记》，文物出版社，1980年6月，第11—12页。

㉚ [明] 刘侗、刘奕正：《帝京景物略》卷之四，北京古籍出版社，1983年12月，2001年2月，第181页。

㉛ [清] 于敏中等：《日下旧闻考》卷五十五，城市，北京古籍出版社，1985年6月，第887页。

㉜ 王世仁：《宣南鸿雪图志》，中国建筑工业出版社，1997年8月，第20页。

㉝ 李华：《明清以来北京工商会馆碑刻选编》，《新置盂县躔躔行六字号公局碑记》，文物出版社，1980年6月，第89页。

㉞ 李华：《明清以来北京工商会馆碑刻选编》，《浮山会馆金妆神像碑记》，文物出版社，1980年6月，第100页。

㉟ 李金龙、孙兴亚：《北京会馆资料集成》，《北京会馆戏楼状况统计表》，学苑出版社，2007年4月，第1445—1446页。

衙署是城市的重要组成部分。北京几百年来作为首都，建有大量的各级衙署。衙署建筑大都是木构架建筑，不能长期保存，随着时代的变迁，衙署建筑只保留下来极少一部分，且均不完整或被改建，有的衙署仅有单体建筑遗存。本章从现存的衙署建筑中选取了部分进行介绍，有专为皇家服务的衙署如：皇史宬、升平署戏楼、清末太医院等；中央衙署如：古观象台、总理各国事务衙门建筑遗存、清学部；地方衙署如：顺天府大堂，以期从中领略北京古代衙署建筑之风采。

衙署

皇史宬

　　皇史宬位于东城区南池子大街136号，原皇城内东南角，靠近明代的南内，是现存最完整的皇家档案库，1982年被国务院公布为全国重点文物保护单位。

　　皇史宬是我国明、清两代的皇家档案馆，又称表章库，始建于明嘉靖十三年（1534年），原用来贮藏明朝历代皇帝的《宝训》《实录》的正本，《永乐大典》的副本也保存在这里。清代移走明代的《实录》，用来储存清代的《实录》《圣训》《玉牒》等。清嘉庆十二年（1807年）曾重修此处，但其规模及主体建筑基本上未变。

　　皇史宬一名的由来，据《春明梦余录》记载："门额以史为口，以成为宬……皆上自制

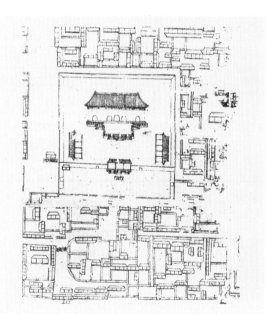

▲ 皇史宬（引自《乾隆京城全图》）

▲ 琉璃门内侧

▲ 正殿

而手书也。"①名称的确定，是由嘉靖皇帝决定的。《日下旧闻考》援引《燕都游览志》注释："宬与盛同义，《庄子》：'以匡宬矢'，《说文》曰：'宬'，屋所容受也。"②以此显示此处是保存皇家正史的殿堂。清朝时，皇史宬的门额字形改为"皇史宬"，并且改成了左汉右满两种文字合璧。

皇史宬一组建筑有南北中轴线，共二进院落，占地2000多平方米。前院是狭长的通道，外门在东西两侧。院内北面中央设正门，门内为一横长方形庭院，北面正中一座面阔九间单檐庑殿顶的无梁殿就是贮存档案的皇史宬。

▲ 正殿匾额

▲ 正殿脊兽

① [清] 孙承泽：《春明梦余录》卷十三，吉林出版集团有限责任公司，2005年5月，第131页。

② [清] 于敏中等：《日下旧闻考》卷四十，皇城，北京古籍出版社，1985年6月，第632页。

衙署

▲ 正殿斗拱

　　皇史宬坐北朝南，建于两米高的石基之上，面阔九间，庑殿顶，上覆黄琉璃瓦，全部用砖石建成，墙厚达五米，故有"石室"之称。皇史宬外观为仿木构建筑。墙身由灰色水磨砖砌成，檐下的柱头、额枋、斗拱、椽子都是砖石所制，但骤视几乎与木构无异。为了适应砖石材料的特点，斗拱出挑较短，出檐也较短，外观比一般木构建筑显得厚重。殿身正面开五个券门做入口，山面各开一个方窗。殿前有平台，正中台阶间有云龙御路，各门均为两层，外层石门，内层木门，殿内部无梁无柱，为开阔的拱形大厅，这种建筑形式称为"无梁殿"。殿内据明末记载有20个石台，上贮金匮，到清乾隆时已改为两个大台子。台高约1.2米，为汉白玉石座，其上陈列"金匮"。金匮是用錾云龙的镏金铜皮包住的木柜制成，柜高1.31米，宽1.34米，厚0.71米，自明代累积至清末，现存152具，其内存放着皇帝《圣训》《实录》与《玉牒》等皇家档案，另存《永乐大典》副本、《大清会典》、将军印信等重要文献。皇史宬体量宏大，色调雅致，在黄灰色砖墙身和黄琉璃瓦顶之间有青绿点金的斗拱额枋彩画，衬着下面的汉白玉石栏杆、台阶，和同一类型的天坛斋宫相比，给人更为明朗、庄重的感觉。皇史宬的整个建筑与装饰设计完美，做工精良，功能齐全，华贵耐用，主要功能是防火、防潮、防虫蛀鼠咬，但同时也附会了古代国家藏书处为"金匮石室"的记载。

皇史宬左右有配殿五间，砖墙拱券门窗，但内部为木构架，内有储藏皇家档案的大木柜。

皇史宬是我国古代建筑中一组特殊的建筑，它不仅对于研究"金匮石室"制度具有重要的历史、科学、艺术价值，同时也为人们研究古代皇家档案的保存提供了建筑实物。

1911年，皇史宬一度仍归溥仪小朝廷的内务府管理，1925年由北京故宫博物院接管，此后皇史宬长期处于封存状态。

▲ 正殿内金匮

▲ 正殿内景

▲ 西殿内天花

1949年皇史宬被公布为北京市重点文物保护单位。1955年，国家档案局成立，皇史宬移交国家档案局管理。从1956年起，国家陆续拨巨款对皇史宬进行了多次修缮。

▲ 西配殿正面

▲ 东配殿正面

▲ 碑亭正面

▲ 碑亭脊兽

升平署戏楼

　　升平署戏楼位于北京市西城区西长安街1号，1984年被北京市人民政府公布为北京市文物保护单位。

　　升平署是清代掌管宫廷戏曲演出活动的机构，称南府，始设于康熙年间。清乾隆五年（1740年），在南花园（今南长街南口）内设府，令太监在此排戏，隶属内务府管辖，为了区别于西华门内之内务府，故称位于南花园的分府为南府。乾隆十六年（1751年），下诏选苏州艺人进宫当差，令住景山，命名为外学，仍属南府管辖。南府内原习艺太监命名为内学。内外学的人数都在1000以上，所唱为昆腔、弋腔。道光初年，屡次下诏令外学裁员，直至道光七年（1827年）明诏将外学撤销，艺人仍回原籍，改南府为升平署，仍主持宫内演出事务，并设立档案房，此后又兼管招选宫外艺人进宫当差演戏或充做教习的事务。宫内演戏，先由升平署缮写进呈皇太后、皇帝阅览的"安殿戏单"，上列演出地点、日期、开戏时间、剧目及主要演员。直

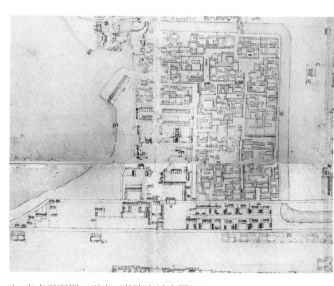

▲ 南府平面图（引自《乾隆京城全图》）

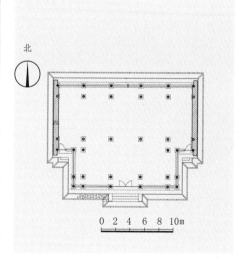

▲ 北房平面图

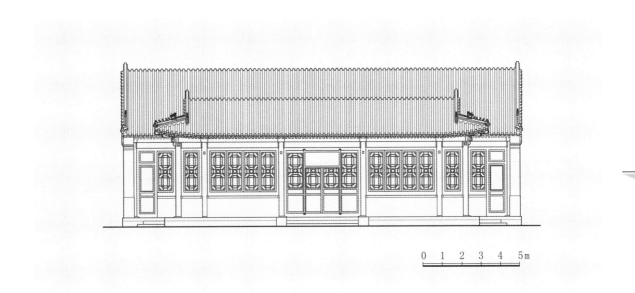

▲ 北房南立面图

▲ 北房

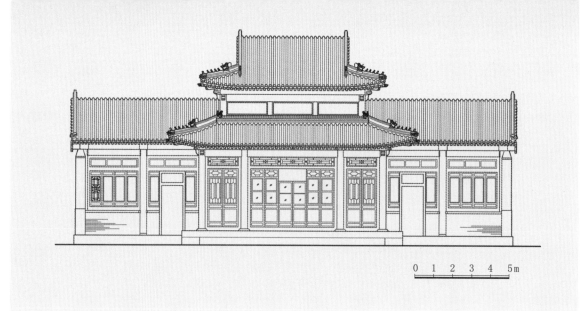

▲ 戏楼北立面图

到宣统三年（1911年），升平署前后历时共有一个半世纪之久。1912年，中南海改为总统府，升平署物品移到景山。升平署珍藏的剧本、档案、戏衣、道具、剧照等，至今保存在故宫博物院内，成为我国戏剧史上珍贵的实物资料。

升平署戏楼院是保存较好的一组建筑物，建筑面积约200平方米，戏楼坐南朝北，戏台台基高0.8米，宽12米，进深11米。台口四柱，四角各有角柱三根，上场门原为城门样式，寓"出将"之意，下场门原为宫门形式，寓"入相"之意。后墙上下之间的正中位置原有大宫门，可排仪仗。戏台分上、下两层，下层台顶中央有活动天花板，乃方形天井，演员可通过天井吊下，但多不用。阁楼与天井相接的梁柱间设有铁滑轮，上、下阁楼为木楼梯，戏楼南侧有三间扮戏房。戏楼北面的北房前出轩，适合帝后观赏演出。

20世纪30年代升平署旧址东部为华北中学，西部为艺文中学。50年代，东部为北京六中，西部为二十八中校舍。2002年4月，北京市人民政府出资对升平署戏楼院进行大修。修缮完毕的戏楼院继续由长安中学使用，其中戏楼作为校图书馆，北房作为教室使用。

▲ 戏楼

清末太医院

太医院位于地安门东大街105号、113号、117号。

太医是古代专门为帝王和宫廷官员服务的医生，周代称医师，秦汉称太医令丞，魏、晋、南北朝沿置，隋为太医署令。自宋设医官院，金改称太医院，置提点为首领。明、清以后沿袭太医院这一称呼，其首领称为院使。

清太医院原位于皇城千步廊之东（今东交民巷西口路北），光绪二十七年（1901年）签订《辛丑条约》后该地划入东交民巷使馆区，条约规定使馆区范围内的中国衙署都必须迁走。光绪二十八年（1902年），太医院迁建于地安门外东大街现址。太医院利用地安门外吉祥

北京古建文化丛书

其他文物建筑

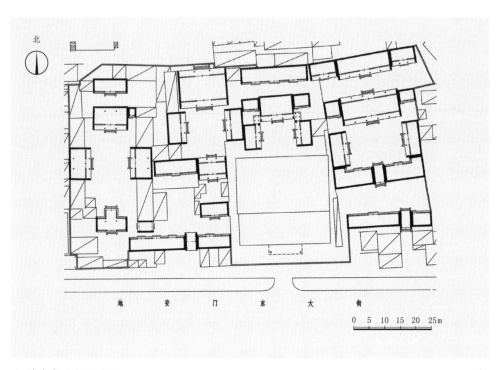

▲ 清末太医院平面图

▲ 清末太医院鸟瞰

寺东院僧寮杂房隙地建此新署。

　　新太医院较原署规模大为缩小，分为东、中、西路。中路为正署，原有大门三间，大式悬山顶，门左右设八字影壁，前立两座石狮。两侧顺山房各五间，东为科房，西为差茶房。大门内为仪门。正堂五间，大式悬山顶。东、西厅各五间，厅南侧祠庙各一间，东为铜神庙，西为土地祠。以上建筑于1968年毁于火灾，现已无存。大堂后为一座三合小院，院内正堂三间，沿用原署二堂旧名"诚慎堂"，东西各有耳房两间。东房三间为首领厅，西房三间为医学馆，各建筑之间原有抄手游廊相连，现已无存。此院内建筑均为小式硬山顶合瓦房，规格略低于官署，应为原有的僧房。其北侧还有后罩房七间。

西路建筑为吉祥寺旧址，改建为先医庙和药王庙。西一路广亮大门一间，过垄脊灰筒瓦屋面。大门东西各有倒座房四间和七间，均为过垄脊灰筒瓦屋面，装修已改。最北处有大殿一座，为太医院三皇殿，面阔三间，前后廊歇山顶建筑，轩楹高举，开间尺度较大，檐下采用三踩单昂斗拱，额枋墨线大点金旋子彩画，廊内装饰蟠龙图案井口天花，至今尚清晰可见。大殿屋顶为调大脊灰筒瓦，带吻兽。东、西各有配殿三间，前出廊，硬山顶调大脊灰筒瓦建筑。西二路建筑正中有大门一间。第一进院较狭长，建筑已被拆改。第二进院南房三间，北面有廊，明间出抱厦一间，均为灰筒瓦屋面。正房三间，前出廊硬山顶，檐下为一斗两升交麻叶斗拱，东侧存耳房一间，过垄脊灰筒瓦屋面。院内东、西厢房各三间，前出廊，过垄脊灰筒瓦屋面，装修均后改。第三进院有正房三间，过垄脊灰筒瓦屋面。

东路为太医院药房和管理用房。大门一间，合瓦屋面，门前有圆形门墩一对，门东、西两侧分别有倒座房两间和五间。门后北面有二门一座，进深五檩，合瓦屋面，中槛饰梅花门簪四枚，门前有圆形抱鼓石一对。东西转角南房各四间，合瓦屋面。入门即为第二进院，院内正房五间，前后廊硬山顶建筑，皮条脊合瓦屋面，左右各带耳房两间，合瓦屋面。东、西厢房各三间，硬山顶合瓦屋面。第三进院有正房五间，硬山顶皮条脊合瓦建筑，左右各带耳房三间，鞍子脊合瓦屋面，装修均后改。清末太医院旧址现为民居。

▲ 西路大门

其他文物建筑

▲ 三皇殿山花

▲ 三皇殿内天花

▲ 东路二门

清稽查内务府御史衙门

　　清稽查内务府御史衙门位于西城区陟山门街5号，是目前北京仅存的一处完整的宫廷衙门，2007年被西城区人民政府公布为西城区文物保护单位。

　　自秦朝开始，中国便设有御史这类监察性质的官职，一直延续到清朝。明清时期御史又称监察御史，隶都察院。派遣到地方巡察的监察御史，明朝称巡按，清朝称巡按御史。另外清朝又制定了御史巡视京城的制度，这类御史又称巡城御史，另有监察御史督察漕运，称巡漕御史等等。

　　内务府是清代宫廷为服务皇室而设立的机构，下辖七司三院，七司有广储司、都虞司、掌仪司、会计司、庆丰司、慎刑司、营造司等，此外还有不少附属机构，如三织造处、内三旗参领处等。整个机构的规模相当庞大，几乎是六部机关的缩影。内务府官员权力极大，因此，特设此监察机构。清雍正四年（1726年）设立稽查内务府御史衙门，其址在陟山门。该地明代为内官监及其库属之所在，由都察院两名满族监察御史任职，是负责监督内务府官员的机构。清朝灭亡以后内务府取消，该衙门逐渐成为普通民居。清稽查内务府御史衙门现存形制与乾隆年间略有不同，据推测为御史衙门功能丧失后，逐渐演变形成的。

　　清稽查内务府御史衙门坐北朝南，四进院落，大门面阔三间，硬山顶调大脊灰筒瓦屋面，明间开广亮大门，门内为第一进院。大门两侧接东西转角房，第一进院北侧有仪门一座。进仪门为第二进院，院内正房面阔五间，硬山顶调大脊灰筒瓦屋面。院内东、西配房各三间，清水脊合瓦屋面，其北各接庑房三间，过垄脊合瓦屋面。正房后

北

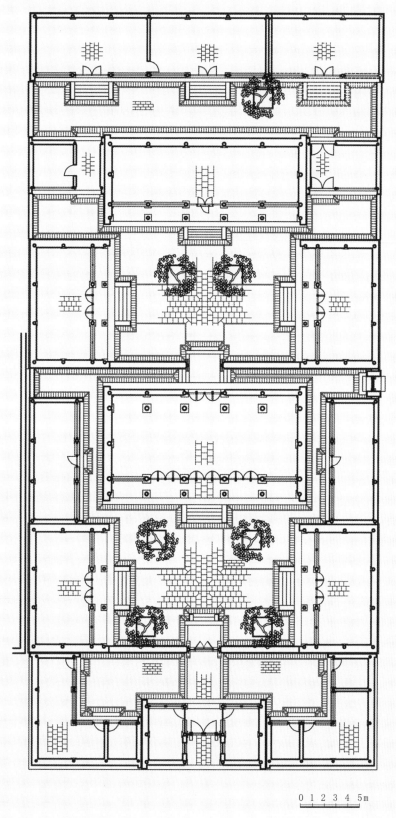

衙署

0 1 2 3 4 5m

▲ 清稽查内务府御史衙门总平面图

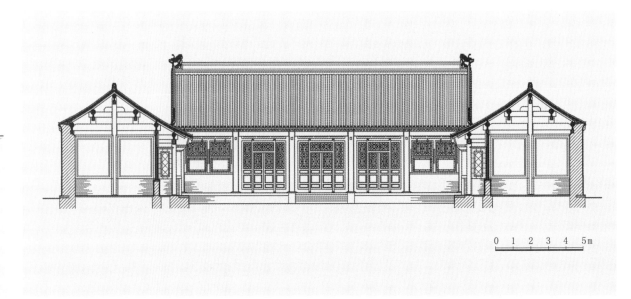

▲ 第二进院剖面图

▲ 第二进院正房

▲ 北房侧立面

有仪门，过仪门为第三进院，院内有正房面阔五间，东西各带耳房两间，其中西耳房东侧一间辟为过道，可通第四进院。第三进院内东西配房各三间。第四进院有后罩房九间。清稽查内务府御史衙门现由故宫博物院使用。

古观象台

　　古观象台位于北京市建国门立交桥西南侧，是世界上现存最古老的天文台之一，同时也是明清两代进行天文观测的中心，是钦天监的外署。它以建筑完整、仪器配套齐全、历史悠久而闻名于世，1982年被国务院公布为全国重点文物保护单位。

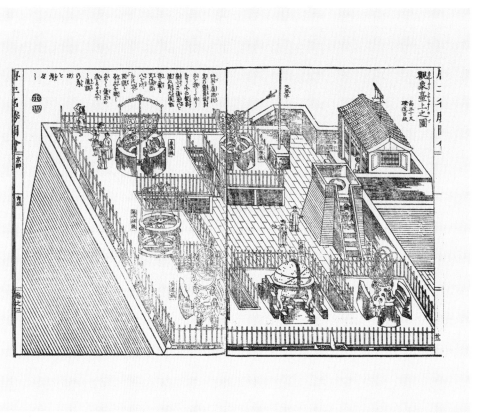

▲ 观象台上之图（引自《唐土名胜图会》）

▲ 20世纪30年代的古观象台

▲ 古观象台

▲ 古观象台全景

▲ 古观象台石额

▲ 地平经仪

▲ 地平经纬仪

　　北京地区的天文台始于金代的候台，候台的位置在今西城区白云观附近。元代在今建国门古观象台北侧建司天台，元末明初，司天台毁于战乱。明正统四年至七年（1439—1442年），元大都城墙东南角楼旧址改筑为台体，建观星台，并在城墙下建紫微殿等房屋，正统十一年（1446年）又增设晷影堂，此时观星台和其附属建筑群已颇具

▲ 黄道经纬仪

▲ 赤道经纬仪

规模，基本形成今天的布局。明代的观星台上陈列有浑天仪、简仪、铜球、量天尺诸器。明崇祯年间，徐光启等人制造了象限仪、纪限仪、平悬浑仪、交食仪、列宿经纬天球、万国经纬地球、平面日晷、望远镜等仪器，大大提高了天文观测水平。

▲ 象限仪

▲ 天体仪

▲ 玑衡抚辰仪

▲ 纪限仪

▲ 钦天监院落

　　古观象台为砖砌高台建筑，上窄下宽，平面呈方形，台基中部黄土夯筑，底部边长24.6米，台基高为14.25米，东侧连接城墙，台顶平面高出城墙约三米。台西侧和北侧有马道供人登台，台中心有圆拱形门洞。1980年修缮时将城台内掏空，辟为二层展厅，八件大型铜制仪器陈列在台上南、西、北三面。台下西部为紫微殿、滴漏堂庭院。从平面上看，该庭院分为三条轴线，中路（大门耳房、紫微殿）为礼仪部分，西路（西侧顺山房、西厢房、西耳房）为管理用房，东路（东侧顺山房、东厢房、东耳房）为测量用房。庭院南侧为大门三间，两侧带耳房各三间，又接配房各三间。紫微殿面阔五间，东西附耳房各三间，殿前有东西厢房各五间。庭院东南角另有晷影堂三间，原有铜圭铜表，是测量夏至日、冬至日日射角的场所。

　　古观象台是我国也是世界上使用年代最久，古代天文仪器数量最多而又保存最完整的历史文物。从明正统年间到1929年，天文工作者连续观测近500年，使这里成为当时的中国天文事业的中心，在世界上现存的观象台中保持着同一地点上连续观测天文最久的历史纪录。

▲ 紫微殿

▲ 紫微殿内景

▲ 古观象台侧面

▲ 古观象台马道

▲ 浑仪

这些不间断的天文观测记录，积累了大量的科学资料和数据，为人类的天文事业作出了很有价值的贡献。古观象台不仅进行天文观测，也进行气象观测，它保存了自清雍正二年（1724年）至光绪二十八年（1902年）近180年中每天的气象资料，是世界上现存最早的气象观测记录。

清光绪二十六年（1900年）八国联军将古观象台的仪器掠抢一空。在仪器被劫期间，政府部门曾制作小地平经纬仪和折半天体仪，以供使用。1902年和1921年后，法、德分别将仪器归还，于是将清代的八件仪器重新安置在观象台上，明制的浑仪、简仪分别置于紫微殿左右两侧。辛亥革命后，观象台改称中央观象台，1921年观象台的东北角增建了一座三层混凝土结构的观测楼。1929年古观象台改称国立天文陈列馆，只做气象工作，结束了天文观测活动。1931年九一八事变后，我国天文工作者为保护古仪，于1933年将明代的浑仪、简仪、漏壶等七件仪器迁到南京，现在仍分别陈列在紫金山天文台和南京博物院。至此，古观象台上只陈列着清代制造的八件青铜古仪。中华人民共和国成立后，经国务院批准，将古观象台划归北京天文馆管理。

20世纪50年代和70年代，政府出资对古观象台进行了维修。2000年北京市人民政府出资，对古观象台台面进行修缮，2005年又进行一次局部抢险修缮。

▲ 简仪

▲ 正方案

总理各国事务衙门建筑遗存

总理各国事务衙门建筑遗存位于东城区东堂子胡同49号，原为一等超武公塞尚阿的府邸，2003年被北京市人民政府公布为北京市文物保护单位。

总理各国事务衙门是清政府为办洋务及外交事务而特设的中央机构，咸丰十年（1860年）由咸丰帝批准，于同治元年二月（1862年3月）正式设立。总理各国事务衙门存在了40年，直到光绪二十七年（1901年），据清政府与列强签订的《辛丑条约》第12款规定，改其为外务部，位列六部之首。

总理各国事务衙门是清末主管外交事务、派出驻外国使节，并兼管通商、海防、关税、路矿、邮电、军工、同文馆、派遣留学生等事务的中央机构，仿军机处体例，设总理大臣三员至十几员不等，由亲王一人总领，其余称大臣、大臣上行走、大臣学习上行走等，另设总办章京、帮办章京、章京若干人。直属机

▲ 总理各国事务衙门

▲ 西路西配房

构有英国、法国、俄国、美国、海防五股，另有司务厅、清档房、电报处等机构，下属机构有同文馆、海关总税务司署，下设南、北洋通商大臣。

总理各国事务衙门建筑遗存坐北朝南，现仅存前部部分院落。西路大门一间，大门两侧有倒座房，东侧两间，西侧三间。院内正房五间，前后出廊硬山顶建筑，明间出悬山顶抱厦一间。大门与正房间有游廊相连。院内另有西厢房五间。中路与西路相通，现存正房五间，前后出廊，硬山顶。东西厢房各三间，南侧倒座房五间。东路现仅存南房等部分建筑。总理各国事务衙门建筑遗存现由国家机关使用。

▶ 西路正房

清学部

　　清学部位于西城区教育部街1、3号，原为敬谨亲王府，光绪年间改建为学部。学部是清代末期清政府改革的重要机构，1989年被西城区人民政府公布为西城区文物保护单位。

　　清学部是为了管理清朝教育改革而成立的中央机构，是清朝末年清政府为维护清王朝的统治，推行的教育改革、官制改革的产物。光绪末年，清政府停止科举，在各省陆续兴办新式学堂。为统一管理各地的教育，于光绪三十一年十一月十日（1905年12月6日）下旨成立学部，总理各省学堂兴办，并将国子监学务事宜归并办理。学部设尚书一人、左右侍郎各一人、左右参议各一人、参事官四人，分设有总务司、专门司、普通司、实业司、会计司，每司下又分设数科，共有五司十二科，以及管辖学部事宜的司务厅，并管辖京师大学堂、编译图书局、学制调查局、京师督学局等机构，在各省裁撤学政，设提学

▲ 大门

北京古建文化丛书

其他文物建筑

使司，设提学使专办学堂。宣统三年（1911年），改尚书为学务大臣，侍郎为副大臣。辛亥革命后，北洋政府将其改为教育部，1928年改为国民党北平市党部。

清学部其址原为敬谨亲王尼堪的王府，敬谨亲王尼堪是清太祖努尔哈赤的孙子，努尔哈赤长子褚英的第三子，顺治六年（1649年）被封为敬谨亲王，顺治十年（1653年）战死，谥曰庄。光绪年间，敬谨亲王尼堪后

▲ 匾额

▲ 过厅北立面

▲ 第二进院正房南立面

▲ 第二进院东殿西立面

人镇国公全荣被派往守陵，清政府将其府邸改为学部衙署，赏全荣白银一万三千两，并另行拨款白银七万两用于修建衙署。现东路保存有三进院落，大门面阔三间，硬山顶调大脊灰筒瓦屋面，三间一启门形式。第一进院北侧有北房11间，中间三间为过厅，硬山顶过垄脊灰筒瓦屋面，明间辟为门道。第一进院东侧建有垂花门一座，门内东房三间，过垄脊合瓦屋面。第二进院内，正殿面阔五间，硬山顶调大脊灰筒瓦屋面。正殿东西两侧各有耳房三间，硬山顶鞍子脊合瓦屋面。正殿与东西配殿之间各建有月亮门一座。东西配殿各十间，过垄脊灰筒瓦屋面。第三进院有东房六间。清学部遗存现由学校使用。

▲ 第二进院西殿

顺天府大堂

顺天府大堂位于东城区东公街9号，为明、清两代顺天府署内的大堂，1984年被东城区人民政府公布为东城区文物保护单位。

明、清两代称北京地区及周边地区为顺天府，管理机构为顺天府署。顺天府署负责京畿地方之事，共领五州十九县。即通、蓟、涿、霸、昌平五州和大兴、宛平、良乡、房山、东安、固安、永清、保定、大城、文安、武清、香河、宝坻、宁河、三河、平谷、顺义、密云、怀柔十九县，又称为顺天府二十四州县，其中大兴、宛平因靠近京城又称京县。

顺天府署坐北朝南，原有三重大门，第一重在今东公街南口，稍北即第二重门，第三重门是今东城教育学院大门处。现署内建筑只留下顺天府大堂。

顺天府大堂面阔五间，进深七檩，东西面阔26米，南北通进深14米，前后出廊，柱子为黑色，下有覆盆式柱础，悬山顶调

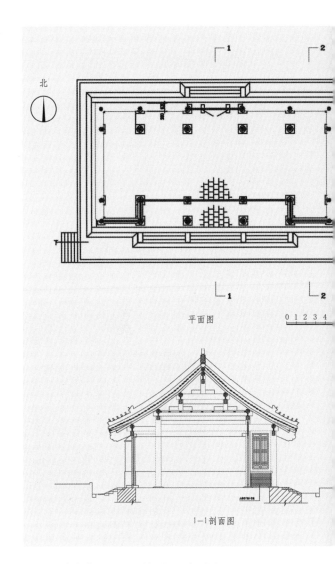

北

平面图

0 1 2 3 4

1—1剖面图

北京古建文化丛书

其他文物建筑

大脊灰筒瓦屋面，两端用五花山墙封护。屋面上有正吻、戗兽及五小兽。额枋上绘有旋子彩画。明间装修为六抹隔扇门各四扇，次间装修为六抹隔扇门各四扇，明次间装修在上方均有十字方格

▲ 保护标志碑

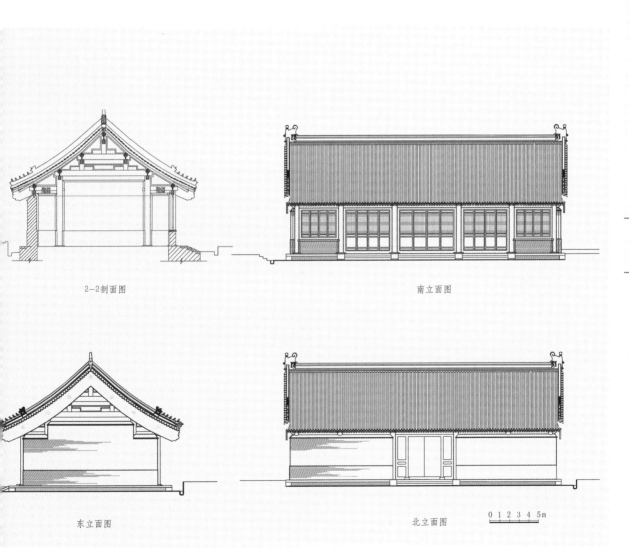

2-2剖面图

南立面图

东立面图

北立面图

0 1 2 3 4 5m

▲ 正吻

棂心横披窗。梢间装修为四抹槛窗各六扇，下为干摆砌槛墙。此外，其明次梢间装修均为黑色，仅棂心为绿色。明次间前有垂带踏跺三级，地面为方砖铺墁。大堂两侧山墙为五花山墙，上身为丝缝砌法，下碱为干摆砌法。大堂后面明间开门，为黑色板门，两侧各有四抹隔扇门一扇，上有门簪四个，大门两侧还装饰有西洋式壁灯一对，明间前有垂带踏跺三级。次间与梢间为砖砌，上身为丝缝砌法，下碱为干摆砌法。

2005年，北京市人民政府出资对顺天府大堂进行修缮。修缮后的顺天府大堂由东城区教育委员会使用。

▲ 大堂侧立面

我国从古至今都非常重视人才培养，学府、书院便是培养人才的场所。尤其是作为历史名城、文化古都的北京，更是建有很多学府、书院，曾在历史上发挥过重要作用。现在保存下来的古代学校建筑主要是各级官学和极少数书院，本章从中选取部分进行介绍，如：代表国家最高教育等级的国子监建筑群；专为八旗子弟设立的正白旗觉罗学、镶黄旗官学等；体现府县级别的顺天府学建筑群；300年来始终作为学校使用的金台书院。

学府、书院

国子监及国子监街

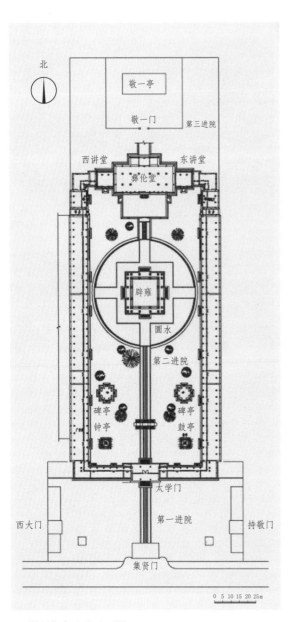

▲ 国子监中路总平面图

国子监位于东城区国子监街15号，是元、明、清三代国家设立的最高学府，1961年被国务院公布为全国重点文物保护单位。

北京国子监始建于元大德十年（1306年），明代初期定都南京，一度将北京国子监改称为北京府学，明成祖迁都北京后，永乐二年（1404年）又改为国子监。北京国子监自元代创建伊始，屡经修葺、扩建，功能不断完善，规模逐渐扩大，特别是清乾隆四十九年（1784年），辟雍泮水建成后，形成了今天国子监的规模。

北京国子监坐北朝南，按"左庙右学"之制，东邻孔庙，由三进院落组成，占地20000多平方米。院内古树参天，肃穆静谧，主要建筑全部集中在一条中轴线上，自南而北依次为集贤门、太学门、琉璃牌坊、辟雍、彝伦堂和敬一亭。附属建筑围绕各自的主体建筑分布，这些主次建筑共同构成国子监的主体。

集贤门是国子监的大门，是进出国子监的主要出入口，是皇帝等统治阶级的专用通道，平时很少开启。大门坐北朝南，面阔三间，门外东西各建有砖砌的一封书式撇山影壁，其正面建有一字影壁。集贤门内有东、西井亭等建筑，组成第一进院落。院内古树繁茂，建筑分列东西，左右对称。院子东侧有持敬门，与孔庙相连，是专供监生到孔庙拜谒孔子的通道。院子的西面有退省门，是监生入堂学习和国子监内任职人员出入的便门。

集贤门之北为太学门，面阔三间，竖额书"太学"，大门外檐东侧立有一块石碑，碑文内容为明初撰写的监规。

▲ 集贤门

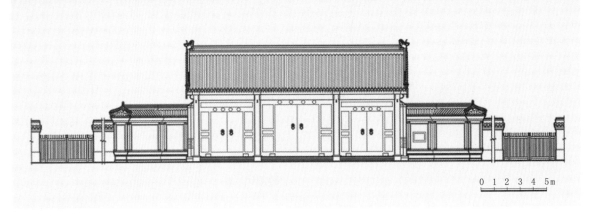

▲ 集贤门南立面图

▲ 一字影壁

▲ 持敬门

▲ 井亭

▲ 太学门

穿过太学门，进入第二进院，这是国子监最大的院落，亦是全监主要建筑的集中地，院内分别建有辟雍、东西六堂、博士厅、绳愆厅、典簿厅以及牌楼和钟鼓亭等建筑，左右对称，排列有序，布局合理，环境幽雅。

太学门内有一座琉璃牌坊，其形制为三间四柱七楼，正面额书"圜桥教泽"，背面额书"学海节观"，均为乾隆御笔，这是北京城内唯一的一座专为教育设立的牌坊。

御碑亭有两座，分列琉璃牌坊东北、西北角，各立石碑一块，东为乾隆皇帝御制《国学新建辟雍圜水工成碑记》汉文碑，西为满文碑。

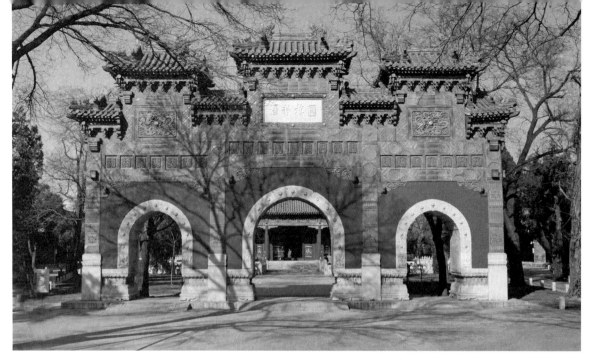

▲ 琉璃牌坊

▲ 御碑亭

　　琉璃牌坊之北即为辟雍，是国子监建筑群的核心建筑，清乾隆四十八年（1783年）下诏修建，清乾隆四十九年（1784年）落成，是清代帝王讲学的场所。按周代的礼制，国学设在天子的国都中，称为辟雍，一般认为是天子承师问道，行礼乐、宣教化的地方。"辟雍"二字含有扬善戒恶、明和天下的意思。辟雍是一种有水有殿，又有寓明和鉴戒之意的独特建筑。在清乾隆之前，历代并没有一座单独的辟雍建筑，只是在明堂外面设一环水沟即为辟雍。乾隆皇帝及辟雍的设计者根据前人的解释，加上自己的见解，建成了这座辟雍圜水建筑。清代自康熙以后，每位皇帝即位照例要到国子监讲学一次，称作临雍。在辟雍未建成前，于彝伦堂举行临雍典礼，辟雍建成后，便在辟雍殿举行临雍典礼，成为名副其实的"临雍"。

清代国子监的辟雍，大殿建在高大的方形石基之上，石基方十一丈一尺（约合37米）。殿为重檐四角攒尖顶，殿方五丈三尺（约合17.6米），面阔与进深均为三间，四面设门。四周建有围廊（副阶周匝），廊深六尺八寸（约合2.67米）。围廊外面池水环绕，圜水围绕辟雍，这种建筑形式称为"辟雍泮水"。辟雍四面开门，方形大殿建在圆形的池水中央，四面有石桥通达，外圆内方的布局是有讲究的：天圆地方，池圆象征德圆，殿方象征行方，是体天体之撰，立规矩之极也。四周环以水、达以桥，是附会"水圆如璧"的说法，同时以水为界限，用于节制观看者。辟雍周围的水池，直径十九丈二尺（约合

▲ 辟雍殿四周石桥

▲ 辟雍

64米），深一丈四尺（约合4.67米），池水是从太学门外东、西井及六堂后檐外东、西井通过暗沟分别引入。从建筑上而言，辟雍是装饰性和实用性的完美结合：屋角向上，屋腰下沉，体现了曲线美，同时，在下大雨的时候，能使屋面雨水流冲较远，不致溅入走廊；铜制镏金宝顶，起到结构与装饰的双重作用；建筑整体色彩富丽，气势雄伟的抹角梁架使建筑结构十分合理，内部空间宽敞，符合教学的需要。当年修建辟雍时，最初的设计方案是在殿内用四根金柱承重，乾隆帝不甚满意，命和珅重定做法，和珅"奏将原估钻金柱四撤去，用

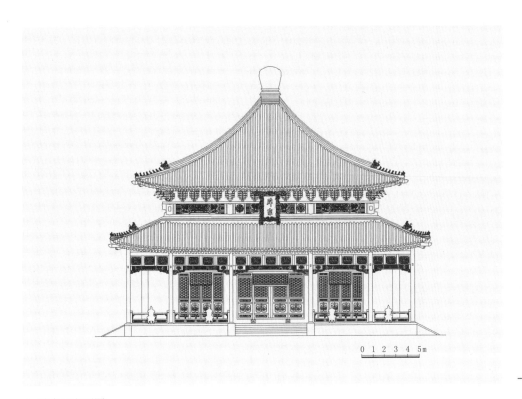

▲ 辟雍正立面图

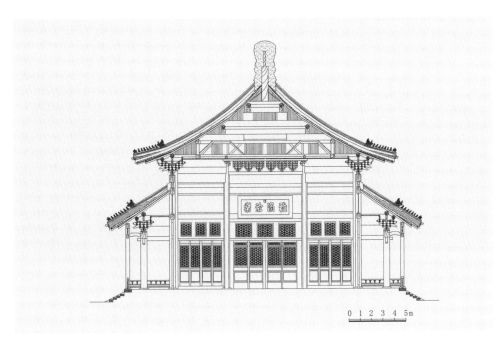

▲ 辟雍剖面图

▲ 辟雍匾额

抹角架海梁之法，较前议减费四千四百有奇"[1]。如此改动，不仅仅节省费用，还使得辟雍内部空间更为宏敞周密。辟雍建成200多年来，历经了多次地震的摇撼而无损，它的质量经受住了严峻的考验。

现在，孔庙和国子监博物馆的工作人员在辟雍殿内进行了复原陈列，殿内设有宝座，宝座前设御案，宝座后围以五峰屏，真实再现了清乾隆五十年（1785年）皇帝第一次"临雍讲学"时

▲ 辟雍殿抹角梁

① ［清］文庆、李宗昉等：《钦定国子监志》卷二十二，辟雍志四、建置、北京古籍出版社，2000年3月，第352页。

北京古建文化丛书

其他文物建筑

的场景。

　　在辟雍的东、西两侧各有房33间，即东西六堂。东侧从南到北有崇志堂、诚心堂和率性堂，西侧自南而北为广业堂、正义堂、修道堂，每堂各为11间，"率性堂、诚心堂、崇志堂各十一间……修道堂、正义堂、广业堂悉如率性堂，六堂乃诸生肄业之所"①。其作用是专供监生学习的场所，相当于现代的教室。六堂建筑外廊较大，可供监生在廊下活动。每座堂的正中檐下部位都悬挂有各堂名称的华带匾，建筑整齐规范，成为国子监中院建筑群的主要组成部分。

▲ 辟雍殿内景

▲ 辟雍殿内"万流仰镜"匾

学府、书院

---

① [清] 文庆、李宗昉等：《钦定国子监志》卷九，学志一，学制图说，北京古籍出版社，2000年3月，第156页。

▲ 彝伦堂

　　辟雍之北是彝伦堂，乃元代崇文阁旧址，明代永乐年间重建时改名为彝伦堂，为国子监藏书的地方。辟雍未建成之前，皇帝在此举行临雍典礼，后为传经授业的主要场所。建筑坐北朝南，面阔七间，进深九檩，后出抱厦，单檐悬山顶。彝伦堂前建有宽大的月台，又称灵台或者露台、平台等，是国子监召集监生列班点名之处。在月台的东南角设有日晷一部，是古代依据日形测定时辰的仪器，又称日表。西南的汉白玉石须弥座上置有赵孟頫所书的《乐毅论》石刻。

　　彝伦堂的东侧是典簿厅，其功能是国子监分管财务的管理机构，西侧是典籍厅，是国子监分管刻版印书和教材的机构。在典簿厅之南有绳愆厅，坐东朝西，负责教导惩戒违犯学规的监生。典籍厅之南有博士厅，坐西朝东，其功能相当于现代大学的教研室。以上建筑均面阔三间。

彝伦堂后是一座牌楼式院门，即敬一门，穿过敬一门就来到清雅幽静的第三进院。

院内的敬一亭位于国子监中轴线的最后部分，建于明嘉靖七年（1528年），建筑面阔五间，明间檐下正中悬挂华带匾一块，上书"敬一亭"，是专藏皇帝对监生训喻之处。

国子监内有十三经碑刻，十三经刻成于乾隆年间，故又被称为"乾隆石经"，共190座，

▲ 彝伦堂匾额

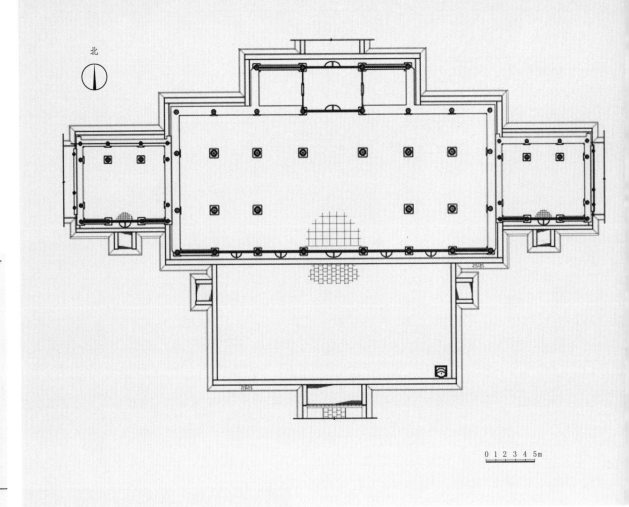

北

0 1 2 3 4 5m

▲ 彝伦堂平面图

原置放于东西六堂,现位于国子监与孔庙的夹道之内。石碑上所刻的十三经包括:《周易》《尚书》《诗经》《周礼》《仪礼》《礼记》《春秋左传》《春秋公羊传》《春秋穀梁传》《论语》《孝经》《孟子》《尔雅》,共63万余字。经书由蒋衡花费12年的时间刻写而成。

国子监共三进院落,每组院落均有围墙环绕,这种做法不仅满足了使用上的需要,而且也使其区域划分更为合理,等级区分和互不干扰成为国子监建筑的特点之一。在国子监的外围建有较高的围墙,这不仅符合中国传统建筑的规范和制度,同时也使得国子监因与外界的

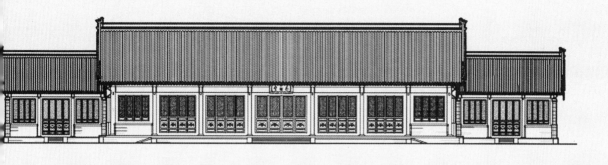

南立面图

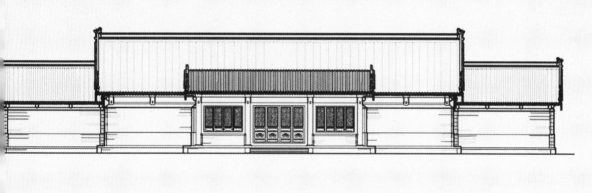

北立面图

0 1 2 3 4 5m

▲ 彝伦堂立面图

隔离而倍显庄重和神圣。

　　中华人民共和国成立以后，国子监进行过不同程度的修缮，特别是经过1956年的大规模修葺和之后的数次装饰，辟为首都图书馆，使得这座距今600多年的中国古老大学继续发挥作用，成为广大人民汲取知识的场所。2002年，北京市人民政府

▲ 彝伦堂前日晷

▲ 敬一门

▲ 敬一亭

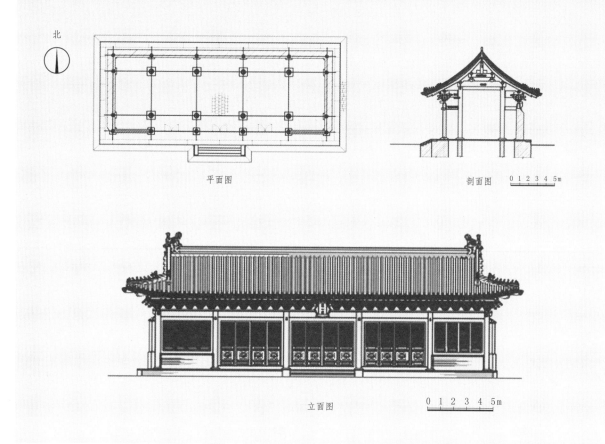

平面图

剖面图 0 1 2 3 4 5m

立面图 0 1 2 3 4 5m

▲ 敬一亭平面图、立面图、剖面图

出资对国子监一进院地面与二进院文物进行修缮。2005年，由政府出资，专项用于孔庙国子监百年大修，并将"左庙右学"的孔庙、国子监合并为"孔庙和国子监博物馆"，于2008年6月正式挂牌开放。

▲ 十三经碑刻

国子监街位于北京市东城区安定门内大街东侧，又名"成贤街"，是现存不多的京城古老街道之一，1984年被北京市人民政府公布为北京市文物保护单位。

国子监街形成于孔庙和国子监建成后，至今已有700多年的历史。元大德六年（1302年）在此建孔庙，大德十年（1306年）在孔庙西建国子监，从而为国子监街的最终形成奠定了基础。明代称其为"国子监孔庙"，属崇教坊，清代称"成贤街"，属镶黄旗。清雍正年间，雍正帝钦赐在此设立学舍，即"射圃"和"南学"，与孔庙、国子监一起形成了中国古代重要的教育文化街，是中国古代街道中功

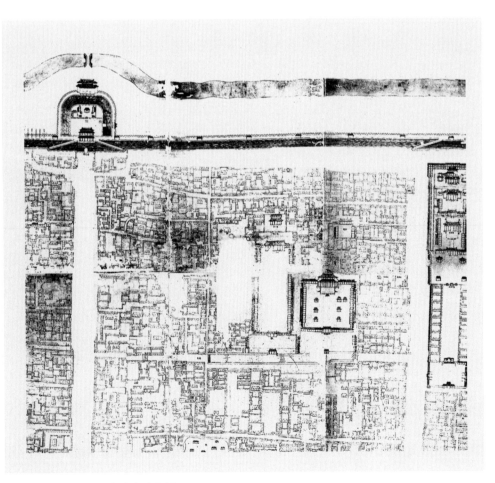

▲ 国子监街（引自《乾隆京城全图》）

▲ "成贤街"牌楼

能完备、规划合理的杰作之一。
20世纪初期称"国子监"，1965
年正式称"国子监街"。"文化
大革命"期间曾一度改成红日北
路九条，后恢复原名。现在的国
子监街多平房民居，仍保存着旧
京街巷风貌。

　　国子监街呈东西走向，东
起雍和宫大街，西至安定门内
大街，南侧有公益巷，北侧有官
书胡同、箭厂胡同、大格巷，全

▲ 牌楼细部

▲ "国子监" 牌楼

其他文物建筑

长680米，宽12米。街上共有四座过街牌楼，其中街东西口各一座，横额上题"成贤街"，国子监左右各一座，横额上题"国子监"。四座牌楼均为二柱冲天带跨楼牌楼，平面呈一字形，起脊顶灰筒瓦，落地柱与跨楼边柱顶端置"坐龙"，主楼与跨楼檐下施五踩重昂斗拱，大、小额枋施墨线大点金旋子彩画，额枋间置云头锦纹样折柱花板，跨楼边柱装饰垂莲柱头。夹杆石上部雕刻覆莲纹样，中部饰八达马、连珠纹样，下部为如意云纹雕刻。在"国子监"牌楼两侧路北另有石碑一块，为下马碑，小型石影壁形式，碑文采用汉、满、蒙古、回、托忒、藏六种文字镌刻"官员人等至此下马"，属礼仪性标志物。此外，国子监街北侧有全国重点文物保护单位孔庙和国子监，其中东为孔庙，西为国子监，符合中国古代"左庙右学"的规制。清雍正年间，雍正帝钦赐设立学舍"射圃"与"南学"，其中"射圃"在今箭厂胡同一带，即习箭之场。2002年7月5日北京市人民政府拨款33.4万元对国子监四座牌楼进行修缮，同年完工。

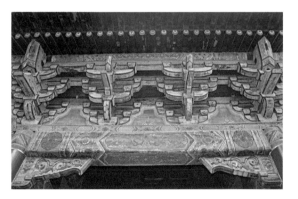

▲ 孔庙先师门斗拱

国子监街南侧还有庙宇两座，西为火神庙（今78号），东为皂君庙（今40号）。火神庙始建于明代，主要建筑有山门、大殿、正殿及东西配殿，大殿内祭火神及关帝、财神、鲁班、药王、药圣等。此外，庙内原有石碑三座，已当做台阶或砌在墙内，故无法得知其内容。火神庙现为民居，各殿虽存，但改变太大，无法窥其原貌，唯山门还保留着昔日寺庙的痕迹。

皂君庙现存为清代建筑，原有山门一间，大式硬山顶箍头脊灰筒瓦屋面，内为彻上明造，现已拆除。前、后殿各三间，前带走廊，饰旋子彩画，其中后殿内旧祀灶王。另庙内原有宣统时重修碑，今已无存。

国子监街除上述建筑外，在其后边的国学胡同内还有一座祀唐代大文学家韩愈的韩文公祠（今31号）。韩愈（768—824年），字退之，唐代河南河阳（今河南孟州南）人。唐贞元八年（792年）进士及第，曾任监察御史、国子监祭酒、兵部侍郎、吏部侍郎等职，为

▲ 下马碑

▲ 下马碑雕刻

▲ 火神庙

"唐宋八大家"之首，与柳宗元并称"韩柳"，死后谥"文"，著有《韩昌黎集》《外集》《师说》等。韩文公祠坐北朝南，为一座四合院式建筑，由祠门、享堂及东西配房组成。祠门为大式歇山顶调大脊灰筒瓦屋面，享堂三间为大式硬山顶调大脊灰筒瓦屋面，上饰旋子彩画。门外有一铁香炉，堂前有一石香炉。堂内祀韩文公像。现享堂尚存，祠门及配房已拆除，作为国学胡同小学之仓库。同时，韩文公祠设立在国子监之后，大概也是在国学学习的子弟愿常得韩愈庇佑的一种美好期盼吧!

▲ 韩文公祠

国立蒙藏学校旧址

　　国立蒙藏学校旧址位于北京市西城区小石虎胡同33号，坐北朝南，现存东西两路建筑，2006年被国务院公布为全国重点文物保护单位。

　　清代统治者为了培养和选拔亲贵中的栋梁之才，于顺治九年（1652年）十月，经宗人府研究后决定：每旗各设宗学（专为努尔哈赤父亲塔克世的后世子孙所设立的学校）一所，每所学校用满、汉老师各一名。凡是十岁以上，未封官爵的宗室子弟都要进入宗学学习。顺治十一年（1654年）六月，为了防止宗室子弟"汉化"而忘记祖宗旧制，顺治帝下令永远停止宗学内学习汉文，从而专学满文。康熙十二年（1673年），年轻的康熙皇帝命宗室亲王以下入八分公以上子弟年满十岁者在本府中读书，这时的宗学已名存实亡。雍正二年（1724年），雍正皇帝恢复了宗学，教授满学还有汉学，并制定了一套完整的制度。他将宗室八旗分为左翼、右翼。左翼为镶黄、正白、镶白、正蓝四旗，其宗学校址位于今东城区内务部街的北京第二中学，八旗左翼宗学后变为八旗左翼中学堂。右翼为正黄、正红、镶红、镶蓝四旗，其宗学校址先位于西单的小石虎胡同，后迁于祖家街明末清初名将祖大寿之宅。同时政府规定：宗室18岁以下子弟，除自己愿意在家读书外，都准入宗学。19岁以上者，愿意读书者也可入学。学生数量左翼右翼各为100名。乾隆二十一年

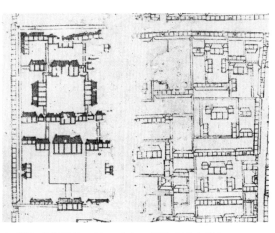

▲ 国立蒙藏学校旧址（引自《乾隆京城全图》）

（1756年），为了防止宗室子弟"汉化"而忘记祖宗旧制，撤销汉教习，好让宗室学生专心学习"国语骑射"。嘉庆四年（1799年）朝廷又恢复了汉教习一职。

国立蒙藏学校旧址其前身最早可追溯至明代的常州会馆，是京城最早的会馆之一，明朝末年成为大学士周延儒的住宅。清朝初年，此地为清太宗皇太极的十四女和硕恪纯公主的府邸，后因和硕恪纯公主下嫁吴三桂之子吴应熊，这里便成为吴应熊的府邸。雍正二年（1724年）右翼宗学即设于此，相传曹雪芹也曾于此做短期教习。乾隆九年（1744年），右翼宗学迁往绒线胡同，旧址被赏赐给大学士裘日修作为住宅。乾隆后期该宅被赐给乾隆长子定亲王永璜之子镇国公绵德〔乾隆四十二年（1777年）封镇国公〕，绵德在乾隆四十九年（1784年）晋为贝子，保存至今的府邸即为清朝贝子府的规制。清朝末年，该府由毓祥继承，因此又被称为"祥公府"。1913年中华民国政府蒙藏院在此开办蒙

▲ 东路大门

▲ 古树

▲ 东路第二进院正殿

藏学校，1923年秋，李大钊、邓中夏等来校开展革命工作，1924年在蒙藏学校东侧院建立松坡图书馆第二馆。同年，乌兰夫、奎璧、吉雅泰等一批青年学生成为中国共产党历史上第一批蒙古族党员，并在此组建了蒙古族的第一个党支部。

　　国立蒙藏学校旧址西路位于小石虎胡同33号，是主要殿堂所在，现存三进院落。府门面阔三间，明间开门，硬山顶调大脊灰筒瓦屋面。第一进院正殿面阔五间，硬山顶调大脊灰筒瓦屋面，正殿东、西朵殿各三间。第二进院北房五间为过厅，两侧有耳房各三间。过厅东侧有厢房三间，房前一棵古枣树，其树高十米以上，树围2.8米，相传为明朝初年种植，已有600多岁树龄，有"京都古枣第一株"之称。第三进院正殿面阔五间，前后出廊，硬山顶调大脊灰筒瓦屋面，前后檐廊柱间均装饰有雀替，装修已改。正殿东、西朵殿各三间，东、西配殿各五间，前后廊，过垄脊灰筒瓦屋面。

国立蒙藏学校旧址东路位于小石虎胡同38号，为原松坡图书馆，建筑规模相对较小，现存四进院落。大门面阔三间，硬山顶调大脊灰筒瓦屋面，前出廊，第一进院过厅面阔三间，带前廊，硬山顶清水脊合瓦屋面。过厅两侧东、西耳房各三间。院内东西厢房各三间，硬山顶鞍子脊合瓦屋面。第二进院正房面阔五间，硬山顶调大脊，后改合瓦屋面，前出廊，明、次间带吞廊。东、西配殿各三间，硬山顶调大脊，后改合瓦屋面。第三进院北房五间，鞍子脊合瓦屋面。第四进院北房11间。该组建筑装修虽有较大改动，但建筑格局保存完好。

▲ 西路鸟瞰

正白旗觉罗学建筑遗存

正白旗觉罗学建筑遗存位于东城区新鲜胡同36号，设于清雍正十年（1732年），坐北朝南，现仅存部分建筑，2009年被东城区人民政府公布为东城区文物保护单位。

觉罗学是专为清显祖（努尔哈赤父亲塔克世）的旁支亲属子弟所设的学校。清雍正七年（1729年）设立八旗觉罗官学。朝廷规定，八旗觉罗子弟8岁以上18岁以下都可以入学，读满汉书。18岁以上未读书子弟必须在每月初一、十五全部到所属旗衙门集合，听讲《圣谕广训》。觉罗学学生的月银每月二两，其他待遇和宗学学生相同。正白旗觉罗学设立于朝阳门内南小街新鲜胡同一所官房，共有房45间半。光绪八年（1882年）整顿官学，部分官学改址，但此学仍在原址。光绪二十七年（1901年）改称八旗第三高等小学堂，1914年更名为第一平民学校。

该建筑坐南朝北，中路主体建筑保存完好。大门北向，开蛮子门一间，进深五檩。大门两侧北房各三间，现已改

▲ 大门

▲ 第一进院正房背立面

▲ 第二进院正房背立面

建。第一进院内过厅面阔五间，进深九檩，前后出廊，硬山顶合瓦屋面，明间辟为通道。第二进院南房面阔五间，进深九檩，前后出廊，硬山顶合瓦屋面。东西厢房各三间，前出廊，硬山顶合瓦屋面。该建筑现作为学校使用。

镶黄旗官学建筑遗存

　　镶黄旗官学建筑遗存位于东城区后圆恩寺胡同甲20号，设于清雍正五年（1727年），坐南朝北，现仅存部分建筑，2009年被东城区人民政府公布为东城区文物保护单位。

　　八旗官学始于清初，设立于顺治初年，共四所，每两旗为一所，后变为每旗一所，专门接收世爵及世袭佐领年岁在10岁以上18岁以下的世职官学生。后由于学生增多，房舍不够使用，于雍正五年（1727年）分旗设学，镶黄旗官学即利用此处官房建校，共有房42间。清末改革学制，此学更名为八旗第一高等学堂。

▲ 大门

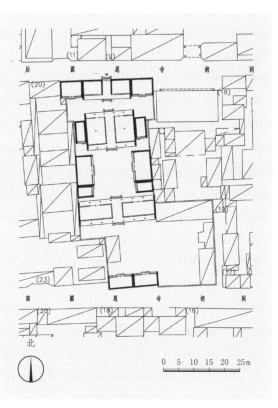

▲ 镶黄旗官学建筑遗存现状平面图

▲ 第一进院正房南立面

　　该学校主要建筑保存较为完好，建筑格局基本完整。临街有北房五间前出廊，硬山顶合瓦屋面，明间辟为大门。东西耳房各三间，硬山顶合瓦屋面。第一进院南房面阔五间，进深九檩，前后出廊，硬山顶合瓦屋面，明间辟为过厅。第二进院东西厢房各三间，南侧各带厢耳房一间。院落南侧南房面阔七间，进深七檩，硬山顶合瓦屋面，前后出廊，明间辟为过厅。第三进院内建筑多有改建，现仅存南房六间。该建筑现作为学校使用。

香山八旗高等小学

　　香山八旗高等小学位于海淀区香山正黄旗八旗印房对面，全称为香山健锐营八旗高等小学，1999年被海淀区人民政府公布为海淀区文物保护单位。

　　香山八旗高等小学始建于清乾隆年间（1736—1795年），原为西山健锐营八旗官学。乾隆十四年（1749年）建造西山健锐营营房时，各旗都有一个学舍，招收本旗营内子弟入学，称"大学房"，以后又在左翼四旗和右翼四旗各设一个"小学房"，共有学舍十所。香山八旗高等小学即右翼"小学房"，教授香山健锐营子弟学习经书、八股

▲ 大门

文、满文、蒙古文等内容及骑射等技能，宣统年间改称"健锐营八旗高等小学堂"。

香山八旗高等小学坐西朝东，依山而建，占地面积为8466.71平方米，三进院落。今大门、二门及其主体建筑基本保持原有建筑风格及格局，是北京地区现存较完整的清代八旗小学堂，是研究清代官学的重要实物资料。

▲ 二门

▲ 第二进院北路北房

▲ 第三进院中路正房

顺天府学

顺天府学位于东城区府学胡同65号，是明、清两代顺天府的地方官学，1984年被北京市人民政府公布为北京市文物保护单位。

顺天府学始建于元末，原址为元代太和观，因供孔子牌位而免被明军焚毁。明洪武初年，此地为大兴县学。明永乐元年（1403年），

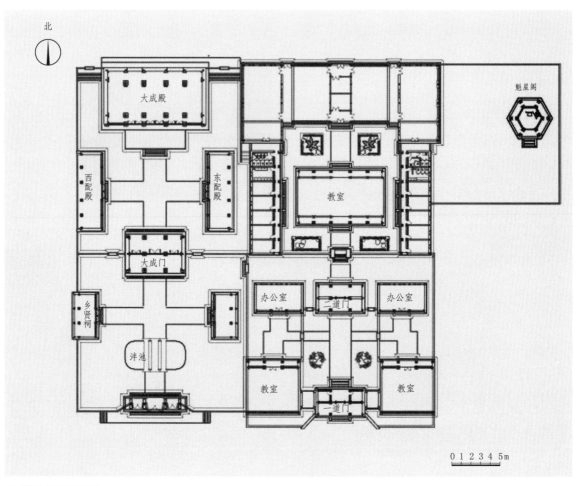

北

大成殿

西配殿

东配殿

大成门

乡贤祠

泮池

教室

办公室

二道门

办公室

教室

一道门

教室

魁星阁

0 1 2 3 4 5m

▲ 顺天府学平面图

▲ 府学大门

升北平府为顺天府，设国子监于京都，此处不得再设县学，故改成顺天府学，大兴、宛平县学附于顺天府学。永乐九年（1411年）建明伦堂东、西斋舍，永乐十二年（1414年）建大成殿，又建学舍于明伦堂后。

顺天府学坐北朝南，现有建筑分为东、西两路，按"左学右庙"之制。西路建筑有两进院落，正门为棂星门，面阔三间，

▲ 府学匾额

四柱三楼木牌坊式。进入第一进院落，棂星门北面为椭圆形泮池，池上架三座石桥。泮池是文庙的特有建筑。按周代礼制，国学设于天子和诸侯的国都中，《礼记·王制》中有记载，"太学在郊，天子曰

▲ 棂星门

▲ 泮池

▲ 大成门

辟雍，诸侯曰宫"①。頖宫又名泮宫，本是鲁国官学，泮水即泮宫之水，泮是一半的意思，诸侯所立国学，等级低于天子的辟雍，因此水只环半圈②，称为"泮池"。自秦代废除诸侯分封之制，后世遂在州县官学的文庙中比拟诸侯泮宫兴建泮池。

①《十三经注疏·礼记正义》卷十二，王制，北京大学出版社，1999年12月，第370页。
②《十三经注疏·毛诗正义》卷二十，鲁颂，泮水，北京大学出版社，1999年12月，第1396—1398页。

　　第一进院西侧为乡贤祠，坐西朝东，面阔三间；东侧为名宦祠，坐东朝西，面阔三间。泮池往北为大成门，面阔三间。穿过大成门，进入第二进院落。大成门北面为大成殿，是西路的主体建筑，面阔五间，庑殿顶，供奉大成至圣先师孔子。

　　东路建筑即为顺天府学，大门面阔三间，硬山顶。大门北面为二门，面阔三间，硬山顶。左右官厅、祠殿各三间。仪门在二门北面，门内有明伦堂五间，为讲学之所。明伦堂两侧为斋舍。明伦堂之东是魁星阁，为六角二层阁楼。魁星阁意为企盼魁星入室，高中三元，即乡试中解元、会试中会元、殿试中状元。堂、阁、亭、祠是学宫的传统建筑形制，是儒家思想的外在表现。

　　顺天府学虽经多次修缮，但民国以后渐渐破败，一直作为学校使

▲ 文庙第二进院东殿

▲ 明伦堂北立面

用，新中国成立后为府学小学使用。2000年政府出资，经过严格考证，在原址上复建。现存建筑除东路二门和西路大成殿尚是原物外，其余均为原址复建。

▲ 乡贤祠

▲ 名宦祠

▲ 大成殿南立面

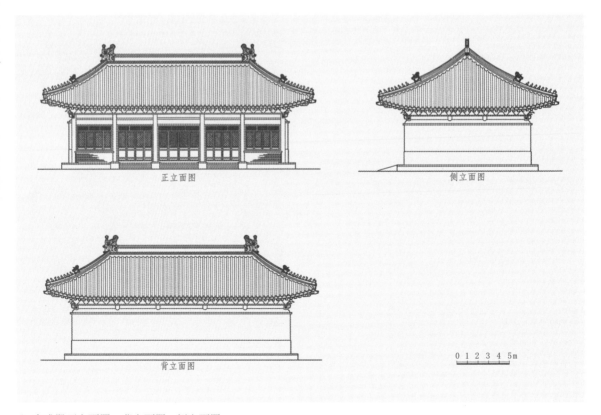

正立面图

侧立面图

背立面图

0 1 2 3 4 5m

▲ 大成殿正立面图、背立面图、侧立面图

北

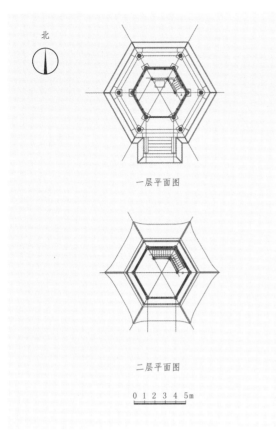

一层平面图

二层平面图

0 1 2 3 4 5m

▲ 魁星阁平面图

▲ 魁星阁

正立面图

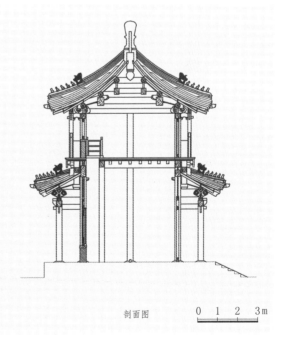

剖面图

0 1 2 3m

▲ 魁星阁正立面图、剖面图

金台书院

金台书院位于崇文门外东晓市街，是清代康熙年间在京城建立的一所义学，1984年被北京市人民政府公布为北京市文物保护单位。

明、清两代，天坛以北一带是秀丽宜人的风景区，有不少权贵的别业。此处原是降清明将洪承畴的赐园——洪庄，占地宽阔，环境幽雅。康熙三十九年（1700年），京兆尹钱晋锡在宛平、大兴分设义学，收孤寒生童就学，其中大兴义学赁屋于洪庄。后来，又将宛平的义学合并到洪庄来，改称首善义学。两学合并后，京兆尹施世纶想买洪庄里的空地扩建校舍，但当时的洪庄主人洪承畴之孙奕沔不肯。施世纶便直接给康熙皇帝上书，谎称洪家愿献地办学。康熙皇帝当然高兴，"圣祖嘉其请，书'广育群材'额以赐"，洪家后人对施世纶强人所难的做法不满，但已有了皇帝的谕旨和赐匾，却又无可奈何，终归在此兴办了"首善义学"①。至此，首善义学结束了赁屋教学的历史，并在原有基础上增建校舍，扩大规模。乾隆十五年（1750年）首善义学正式改名为金台书院，隶属顺天府学，学员主要是京师和各省准备参加会试、殿试的举人和贡生，顺天府的童生亦可就读。

金台书院于道光二十二年（1842年）和光绪五年（1879年）进行过两次规模较大的重修。光绪年间的重修，自光绪五年（1879年）四月二十八日开工，至光绪七年（1881年）春完成，历时两年，建筑共计有朱子堂七间，讲堂三间，大堂三间，

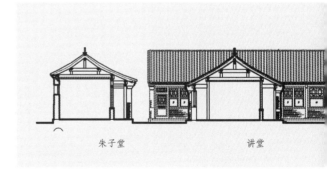

▲ 金台书院剖面图

朱子堂　　　　　　　　讲堂

---

① 徐珂：《清稗类钞·教育类》，中华书局，1984年11月，第565—566页。

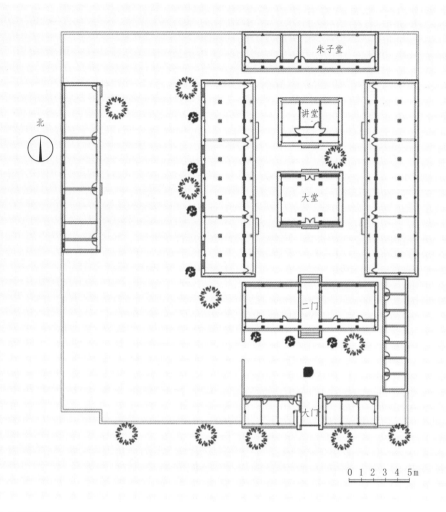

朱子堂

讲堂

大堂

二门

大门

北

0 1 2 3 4 5m

▲ 金台书院总平面图

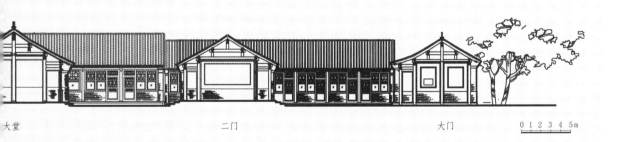

大堂   二门   大门   0 1 2 3 4 5m

▲ 大门

▲ 正殿

垂花门一座，官厅六间，大门一座，南罩房五间，东门一座，东、西文场二十间，东、西厢房十间，厨房、中厕、马棚共七间，以上共房六十四间[①]。此外大门外有扇面形影壁和石雕卧狮一对，工艺精致，蔚为壮观，在此可以看出我国古代书院建筑的传统规制。金台书院的主体建筑之一朱子堂，系祭祀朱熹之所。

金台书院的主要建筑现今均保留下来，主体是三进四合院式院落，布局井然有序，现存文物有乾隆四十九年（1784年）《金台书院记》石刻一方，嵌于门洞东壁，院内还存有石碑两座。

随着科举制度的衰败，光绪三十一年（1905年）废除了延续千余年的科举制度，推行学校教育，金台书院随之停办，其旧址改为顺直学堂，民国期间改为公立第十六小学，后虽几易其名，校舍却无变动，中华人民共和国成立后改为东晓市小学。20世纪50年代该校曾几次维修扩建。1950年后，将原六间厅房挖槽见底落地重修，把当中的

---

① [清] 周家楣、缪荃孙等：《光绪顺天府志》经政志九，学校下，北京古籍出版社，1987年12月，第2190页。

▲ 东庑房

垂花门楼换成走廊式门道。1954
年前后，拆除前院的西厢房，并
将西墙外毗邻的一家煤铺和一家
皮子作坊地基并入，修建西跨院
和操场。

　　金台书院自开办义学至
今，已近300年历史，并且始终
作为学校使用，这在北京是比较
少见的。2002年，北京市人民政
府出资对金台书院进行修缮。修
缮后的金台书院面貌焕然一新，
更显文雅、庄重。

▲ 石刻

北京的会馆历经几百年的兴衰，是北京历史文化的重要载体。北京的会馆促进了全国各地多种文化的交流，推动了北京地区的政治、经济、文化发展。会馆建筑是民间公共建筑，与官式建筑相比，有其独特的魅力。近年来，政府投入大量资金用于会馆的保护、修缮，本章从北京现存的会馆中选取保护较好的几处，如安徽会馆、湖广会馆、阳平会馆、中山会馆、正乙祠，在此一一挖掘其历史价值、剖析其建筑特点。

会馆

康衢信舞蹈宮商一片依然白雪陽春

安徽会馆

安徽会馆位于北京市宣武区后孙公园胡同17、19、23、25、27号，东西长56米，南北长74米，为京师最著名的会馆之一，2006年被国务院公布为全国重点文物保护单位。

孙公园原是明末清初著名学者孙承泽的寓所。孙承泽先后撰写了《天府广记》《春明梦余录》等著名的记载北京地方史料的书籍。孙公园中有研山堂、万卷楼等建筑，是孙承泽写书、藏书之地。在孙承泽之后，有许多知名人士都曾在这里居住过，如翁方纲、孙渊如、彭维新和道光年间著名藏书家、篆刻家刘位坦等。到了晚清时期，孙公园范围内大部分房舍改建为各省地方会馆，如锡金会馆、泉郡会馆、台州会馆和安徽会馆等。

清末权臣李鸿章及其兄李瀚章（湖广总督），为扩张淮军集团的势力，与淮军诸将共捐万金，购得孙公园的大部分，于同治七年至十年（1868—1871年）间，建造安徽会馆。安徽会馆属于同乡会馆，具有浓郁的政治色彩，它是淮军集团成员联络感情、加强封建宗法关系、维护朝中安徽籍官员的利益、维护清廷统治的重要活动场所，只接待在职的州、县级官员及参将以上的实权人物。

安徽会馆分为东、中、西三路庭院，每路皆为四进。各路庭院间以夹道相隔，最北部为一座大型园林。花园面积约两亩余，原有假山亭阁，池塘小桥，现仅存一座"碧玲珑馆"建筑。东路为乡贤祠、思敬堂、魁光阁等建筑。中路为节日聚会、议事、酬神、演戏的场所，主体建筑为"文聚堂"和戏楼。西路为接待居住用房，隔壁为泉郡会馆。整组建筑除花园已无存外，基本格局保存尚好，只东路建筑残破拆改严重。

▲ 戏楼正立面

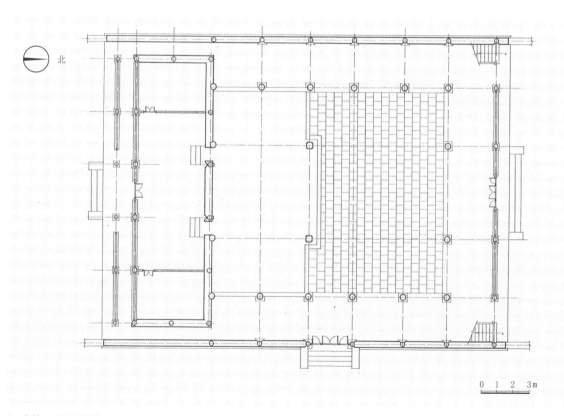

北

▲ 戏楼一层平面图

▲ 戏楼后台

安徽会馆大门位于中路最前面，面阔五间，过垄脊灰筒瓦屋面，梁架尚好，装修已改。正房"文聚堂"面阔五间，七檩硬山顶，过垄脊灰筒瓦屋面，前出廊，装修已改，堂内悬挂书有皖籍中试者姓名的匾额。

戏楼是中路规模最大的建筑，坐北朝南，面阔五间，双卷勾连搭悬山顶，东西两侧各展出三米重檐，形似歇山。前部进深

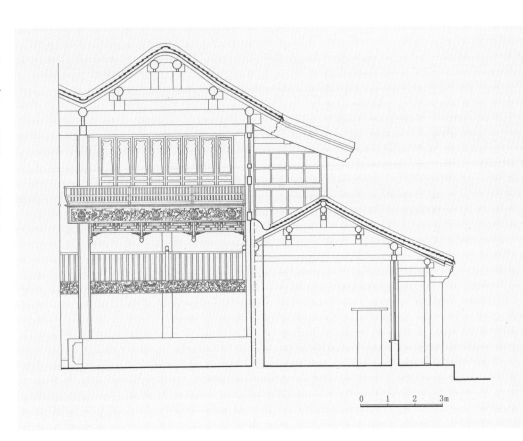

0　1　2　3m

▲ 戏楼侧立面图

六檩，后部进深八檩，合瓦顶屋面。戏台在南面，后接扮戏房五间。其余三面为楼座，围有朱漆栏杆。北京安徽会馆的戏楼与正乙祠、湖广会馆、阳平会馆戏楼被合称为"四大戏楼"。乾隆末年（1795年）徽班进京，四大徽班曾借助安徽会馆在京都立足。

0　1　2　3m

▲ 戏楼纵剖面图

戏台北侧有后楼一座，面阔五间，进深五檩，前出廊，清水脊灰筒瓦屋面。后楼北面为碧玲珑馆，面阔五间，进深六檩，悬山顶，梁架为原物，装修已改。

安徽会馆与近代中国风起云涌的社会变革息息相关，这里曾是康有为等维新党人的活动场所之一。光绪二十一年（1895年），中国近代史上维新派的第一张报纸《万国公报》（后改名为《中外纪闻》）就是在安徽会馆内创办的。维新派的代表人物康有为等，亦是在安徽会馆内创立了早期组织——强学会，这是中国近代史上维新派的第一

▲ 戏楼戏台

▲ 戏台内景

▲ 戏楼二层看台

▲ 中路后楼

▲ 碧玲珑馆

个政治团体。当时众多维新派的仁人志士云集于安徽会馆内集会演讲、共商国是，安徽会馆也因此成为戊戌变法的策源地之一。

清光绪二十六年（1900年）安徽会馆被八国联军侵占，成为德军司令部。同年十一月，德军寻衅，滥捕附近居民，并将会馆左、右、后三面民房全部烧毁。1919年会馆租给市民。1926年，会馆西路创建安徽中学。1949年中华人民共和国成立后，这里仍为居住区。1958年椿树整流器厂在此组建，后来该厂规模扩大，厂房迁建，这里成为库房。1998—2000年，北京市人民政府出资对戏楼进行了全面修缮。

湖广会馆

　　湖广会馆位于北京市宣武区虎坊路3、5号，是湖南、湖北两省共建的跨省区会馆，1984年被北京市人民政府公布为北京市文物保护单位。

　　该处在清乾隆时先后为张惟寅、王杰、刘权之等官员府第，嘉庆十二年（1807年）捐为会馆；道光十年（1830年）改修，增建戏楼，扩建文昌阁；道光二十九年（1849年）又重修，增添风雨怀人馆和花园；光绪十八年至二十二年（1892—1896年）再次大修，改建楚畹堂，迁建宝善堂，重建风雨怀人馆，添建游廊，形成20世纪70年代以前的格局。

▲ 湖广会馆

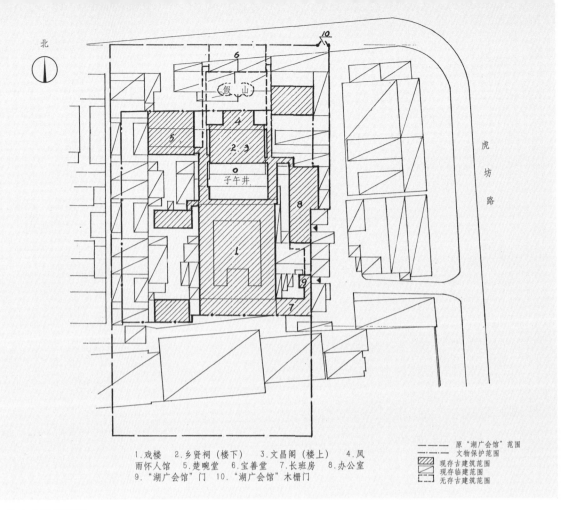

北

虎坊路

1.戏楼 2.乡贤祠（楼下） 3.文昌阁（楼上） 4.风雨怀人馆 5.楚畹堂 6.宝善堂 7.长班房 8.办公室 9."湖广会馆"门 10."湖广会馆"木栅门

---- 原"湖广会馆"范围
---- 文物保护范围
▨ 现存古建筑范围
▨ 现存临建范围
▢ 无存古建筑范围

▲ 湖广会馆平面图

　　湖广会馆属于试馆，其馆舍主要是"以待公车及选人之栖止"，但因其地处宣南繁华之区，故"凡有喜庆宴会著彩觞，无不假本馆举行"①。据1927年《湖广会馆全图》标注，会馆原占地东西长48.77～53.34米，南北长82.3～92.66米。1976年拓宽骡马市大街，拆去北部，现今东西长42.8米，南北长64.24米。湖广会馆分为东、中、西三路，主要建筑有乡贤祠、文昌阁、风雨怀人馆、宝善堂、楚畹堂、戏楼等。原大门为一木栅栏门，坐南朝北，现已无存。现今沿东边巷道至二门垂花门，进门后为会馆东路前院，有五檩倒座房三间；通过游廊至中院，有五檩带前廊东房六间；再北为东路主院，原有多座建筑，现只存三间南房。中路的主体是戏楼（又名罩棚），戏楼北面以平顶

────────

① 北京市对外文化交流协会、北京市宣武区地方志编纂委员会：《北京湖广会馆志稿》，北京燕山出版社，1994年5月，第14页。

▲ 垂花门

游廊围成庭院，院中即著名的"子午井"；正面建筑为文昌阁，该建筑坐北朝南，面阔三间，二层硬山顶灰筒瓦屋面，开间尺度颇大，屋内所奉"文昌帝君神位"尚存。相传文昌帝君主掌人间录籍、考试、命运，旧时一般同乡会馆中都设有文昌帝君神位，按时祭祀。

文昌阁北接风雨怀人馆，

▲ 子午井

▲ 文昌阁

▲ 风雨怀人馆

该建筑为三小间，五檩卷棚悬山顶，下为砖台。再北即新添建筑宝善堂，该建筑面阔五间，五檩前出廊，当心间辟为大门。西院建筑经多次改建，只有楚畹堂尚是原物，该建筑面阔三间，进深三卷勾连搭，共十一步架，其前廊为四檩卷棚顶，较为特殊。该建筑原门窗装修雅洁，房中四壁嵌有名人手迹石刻，院中竹林蓊郁、花草繁茂，是两湖名流宴会吟咏之地，有《楚畹集》二卷刊行于世。

会馆的主体建筑为戏楼，面阔五间，当心间即舞台柱间宽度达5.68米，进深七间。戏楼为二层楼，东、西、北三面为楼座，南面为舞台。后台五间，高达两层，后再接单坡房五间为扮戏房。戏楼为抬梁式木结构，上檐为双卷悬山顶仰合瓦屋面。双卷高跨为十檩，低跨

▲ 文昌阁匾额

▲ 风雨怀人馆匾额

▲ 中山先生莅临湖广会馆题记碑

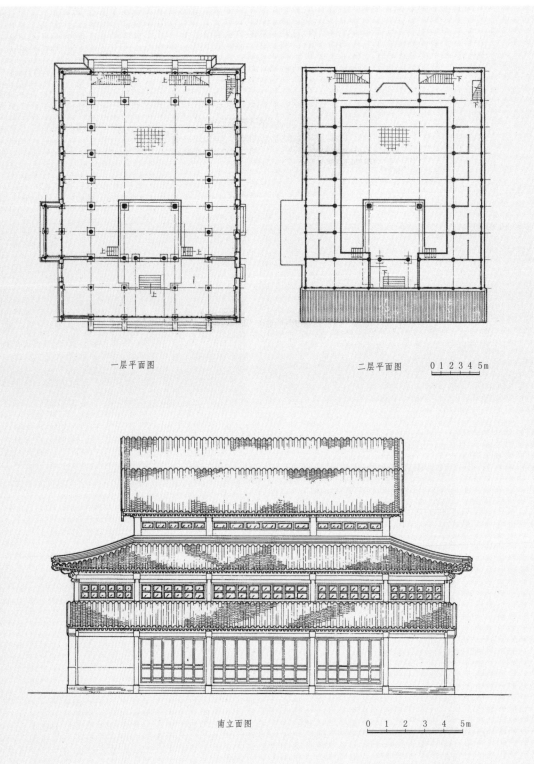

一层平面图

二层平面图　　0 1 2 3 4 5m

南立面图　　　0　1　2　3　4　5m

▲ 戏楼平面图、立面图、剖面图

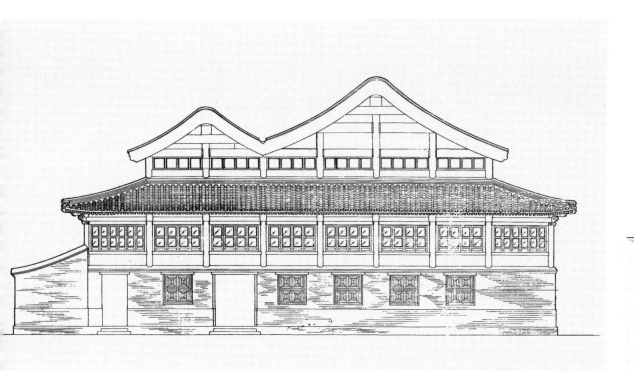

东立面图

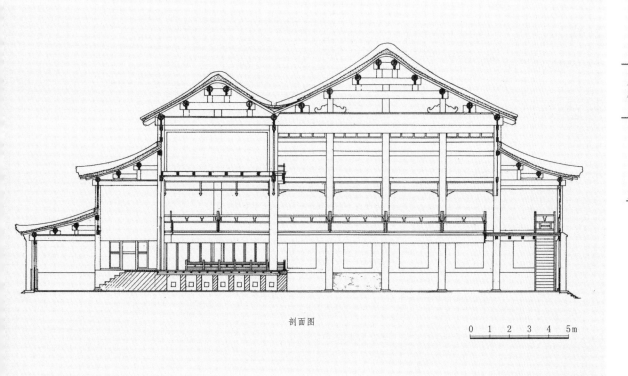

剖面图

0 1 2 3 4 5m

为六檩，十一架大梁长达11.36米，在北京民间建筑中极为罕见。下檐为楼座屋顶，单坡四檩，外设木板槛墙槛窗。再下为砖砌墙身，开方窗。北面开隔扇门三樘进入游廊，东面开板门二樘，西面突出两间为场面（乐队）使用。楼内原无天花板，梁架和四周走马板、楼座挂檐板及栏杆均有苏式彩画。绿柱红枋，具有浓郁的清代建筑风格。

湖广会馆戏楼在清同治、光绪年间就享有盛誉，每逢年节均有堂会，两湖旅京人士云集馆中，杯酒联欢，届时名角、名票共聚一堂。京剧名家谭鑫培、田桂凤、陈德霖、梅兰芳、余叔岩、言菊朋、时慧宝、王蕙芳等常临戏楼演唱。

湖广会馆戏楼可容纳1000余人，清末民初许多重要的集会均在湖广会馆中举行。1912年5月7日，北京统一党在湖广会馆召开欢迎章太炎大会，章太炎发表了关于统一党宗旨的演说。1912年8月25日，国民党成立大会在此召开，孙中山先生出席大会，宣布国民党党纲，并当选国民党理事长。该会馆因此成为重要的革命历史纪念地。1994年湖广会馆被列为爱国主义教育基地。1993—1996年，北京市人民政府出资对湖广会馆进行大修。修缮后的湖广会馆被辟为北京戏曲博物馆，于1997年9月正式对外开放。这是北京首家戏曲博物馆，以翔实、珍贵的戏曲文献、文物图片、音像资料等向观众展示了北京地区戏曲发展史。湖广会馆戏楼现已恢复演出功能，每天都有精彩的演出，丰富了首都人民的文化生活。2006年，北京市人民政府出资对湖广会馆周边环境进行了改善。

北京古建文化丛书

其他文物建筑

▲ 戏楼内景

阳平会馆

阳平会馆位于北京市崇文区小江胡同32、34、36、38号，1984年被北京市人民政府公布为北京市文物保护单位。

据史料记载，阳平会馆于清嘉庆七年（1802年）由山西平阳府及周边20余县商人联合修建。阳平会馆戏楼始建年代不详，后建或改建于清朝，现存建筑均为清式。

阳平会馆东西长17米，南

▲ 小江胡同34号院大门砖雕

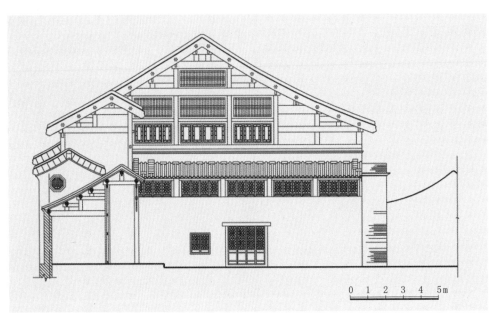

▲ 戏楼南立面图

▲ 戏楼北山面

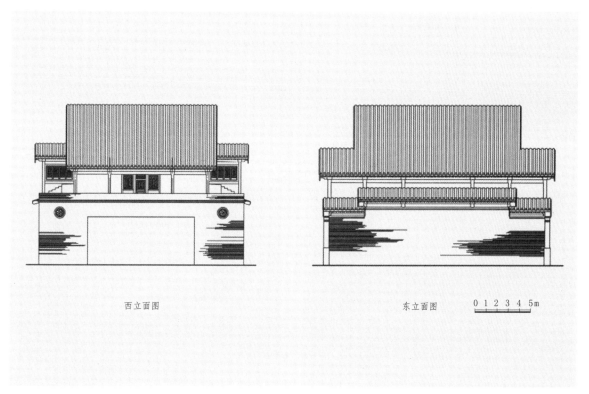

西立面图

东立面图

0 1 2 3 4 5m

▲ 戏楼立面图

▲ 戏台

▲ 戏台上部孔道

▲ 戏台局部彩画

北长28米，以戏楼为中轴线，南北为附属院落，均为坐东朝西的传统民居院落。戏楼是一座十二檩卷棚前后双步廊悬山顶木结构建筑，位于会馆的南部，坐西朝东。戏楼内戏台平面为正方形，面宽7.2米，进深7米，面积为50平方米，台基高0.6米，台面突出，戏池内呈前轩式，上有檐庑，上层三面均有三个壶门装饰木雕花纹。戏台正中藻井板上开有一平方米的孔洞，上有吊架痕迹，可为演天宫戏所用。戏台上下两层，前面有两根通顶木柱支撑，每层之间有方形通口，底层有坑道，可设置机关布景或演地宫戏。戏台左、右、前三面各有双层看台，二楼正对戏台，是卷棚顶前轩式的官厢，两侧亦为看台，可放桌、凳。看台护栏有栏板和望柱，四角处都设有楼梯，供人上下。楼下场地中间为方池，南北间距10米左右，东西间距12米左右，放置方桌、长凳，是一般看客的坐席。戏楼内部雕梁画栋，富丽堂皇。戏楼两侧的墙壁上绘有壁画，设有神龛供祭祀神、祖之用，与戏台相对的

▲ 戏台二层官厢

后壁嵌有刻石四块，记载会馆的历史和重修情况，由于自然风化且遭人为破坏，大都字迹模糊不清，只能辨认极少部分。原戏楼内高悬巨匾数块，现仅存墨地金字木匾两方，其中一方为明末清初著名书法家王铎题写的"醒世铎"。该戏楼为现存少有的木结构室内剧场，亦是保存比较完整的清代风格民间戏楼佳作，对研究会馆的建筑布局和戏剧发展史有一定的参考价值。

清末至20世纪末，戏楼长期被药厂、药材仓库占用。2001年北京市人民政府出资腾退阳平会馆，并于2003年开始修缮戏楼，2004年居民搬迁，对会馆进行全面修缮，2006年对阳平会馆戏楼二期文物进行修缮。现阳平会馆戏楼继续进行演出活动。

▲ 石雕

其他文物建筑

▲ 戏楼内部

▲ 戏楼内刻石

▲ 匾额

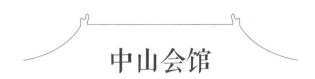

中山会馆

中山会馆位于北京市宣武区珠朝街5号，原街名为"珠巢街"，1965年改为"珠朝街"，是北京市内规模较大的会馆之一，1984年被北京市人民政府公布为北京市文物保护单位。

中山会馆起初为清康熙年间进士、皇太子的老师刘云汉购置的义地，北侧盖有祠堂。清嘉庆年间义地迁移至左安门内龙潭湖一带，此处即由广东香山县乡友建成"香山会馆"，光绪五年（1879年）曾进

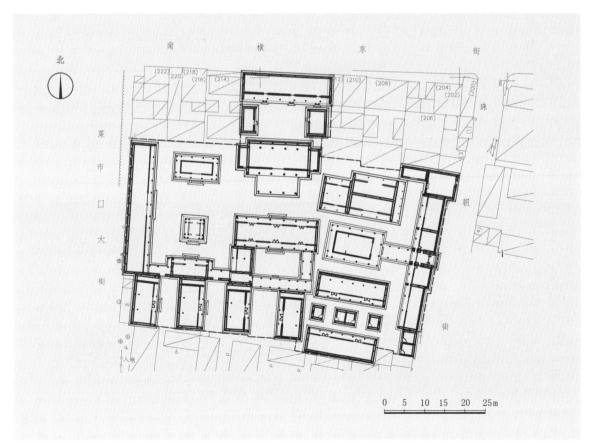

▲ 中山会馆总平面图

▲ 花厅南立面及游廊

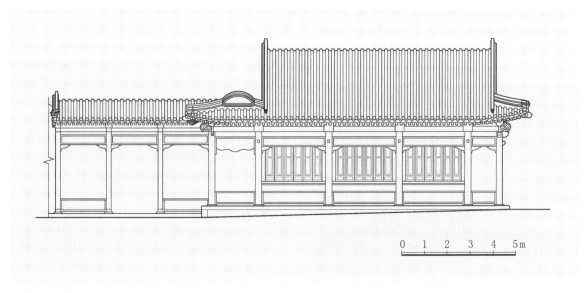

```
0  1  2  3  4  5m
```

▲ 花厅正立面图

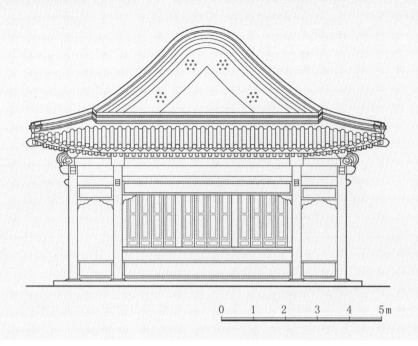

▲ 花厅侧立面图

行扩建。光绪二十一年（1895年），清朝驻朝鲜总领事广东香山籍官员唐绍仪回京，寓居香山会馆，并筹资将此处修缮、扩建一新。1927年，广东国民政府将香山县改名中山县，以志对孙中山的永久纪念，香山会馆也随即改名为"中山会馆"。1933年唐绍仪再次筹资，对中山会馆加以维修、扩建。

中山会馆东西长80米，南北宽50～64米，总占地面积为4560平方米，总建筑面积为2258平方米。原大门位于会馆西侧中部，向西，后将大门改在会馆东侧中部，朝东。主体建筑均南北向，分为前院、中院、后院及跨院。

中山会馆大门位于前院东侧中部，广亮大门，硬山顶清水脊合瓦屋面，进深五檩，门道两侧各有一边门，檐柱间有雀替，檐下绘苏式彩画，传统工艺油饰，双扇红漆板门，门鼓石一

▲ 花厅檐下彩画

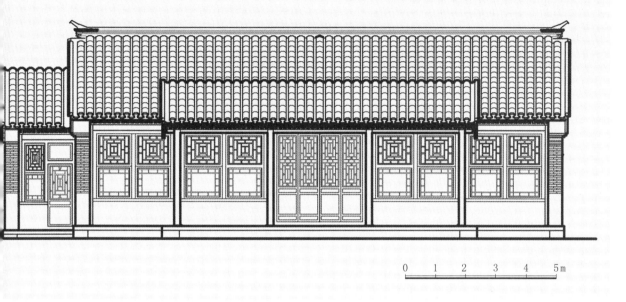

0 1 2 3 4 5m

▲ 中院正房立面图

北

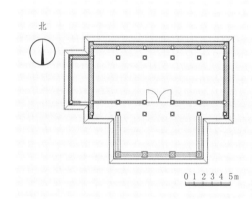

0 1 2 3 4 5m

▲ 中院正房平面图

▲ 中院正房前出抱厦

对。大门内侧南北与两侧东房前出廊相通，向西四檩卷棚游廊与花厅东回廊正接。大门北侧东房五间，坐东朝西，进深五檩。东房北侧另有东房两间。大门南侧有东房三栋，由北向南依次排列面阔为两间、三间、两间，第一栋为清水脊，第二、三栋为过垄脊。

花厅位于前院中心位置，歇山顶过垄脊灰筒瓦屋面，檐下绘有

▲ 中院正房侧立面

苏式彩画。东西面阔三间，进深八檩，四周回廊环绕。东面回廊柱间雕有木花罩，雕工细腻，娟巧秀美，具有岭南建筑风格。1912年孙中山来京时，曾在该花厅会客。该会馆花厅曾作为纪念孙中山生平的展室，陈列孙中山在花厅外的留影以及《总理遗嘱》等纪念物。

花厅北部为一栋勾连搭北房，进深十一檩，硬山顶，中间以实心墙隔成南北房各三间，南北出廊，清水脊合瓦屋面。北房西侧耳房，为一殿一卷式，北侧进深五檩，硬山顶与南侧四檩卷棚勾连搭，面阔两间半。南、北面均出廊，南面出廊向东与北房出廊相接，北面出廊退一步廊深。

花厅南侧有一组院落，结构较为特殊。北房面阔六间，进深七檩，前后出廊。南房面阔六间，进深六檩，前出廊。东西厢房各一间，其间建有两卷勾连搭房舍，中间实心墙隔成东西各一间。

中院，其中心位置，即花厅的西侧，建有南北朝向的敞厅。硬山顶清水脊灰筒瓦屋面，面阔七间，进深七檩，前后出廊。敞厅北边是中院的正房，坐北朝南，清水脊合瓦屋面，前出四檩卷棚悬山顶抱厦三间。面阔五间，进深七檩，前出廊。正房东、西两侧各有耳房一间。正房北部原有一进院落，现已拆毁。

中院南侧原有花园及游廊，现有改动，花园已无。

后院正房坐北朝南，卷棚歇山顶灰筒瓦屋面，面阔三间，进深六檩，四周回廊环绕。后院中间建有方亭一座，四角攒尖顶灰筒瓦屋面，南侧台基接三级垂带踏跺。南房面阔三间，进深六檩，前出廊，东西分别接平顶廊。后院尽头西侧有西房十间半，南侧尽间为半间，前出廊，南侧接东向平顶廊，与南房串联。平顶廊南墙有门通南跨院，内有西房三间半。

中院和后院南侧分别有三组跨院，自东向西第一组跨院，有东房三间半，西房三间半，过垄脊合瓦屋面，均前出廊，东房北侧山墙边有过道通往前院。第二组跨院，有西房三间半，过垄脊合瓦屋面，前出廊。院门位于后院东侧平顶廊廊墙上，通往后院。第三组跨院，有西房三间半，过垄脊合瓦屋面，前出廊，院门位于后院西侧平顶廊廊墙上，通往后院。

中山会馆建筑精美，建筑格局较为特殊。院落整体布局严谨，多进式布局相结合，错落有致。建筑物之间相互毗邻，建筑体量较北方

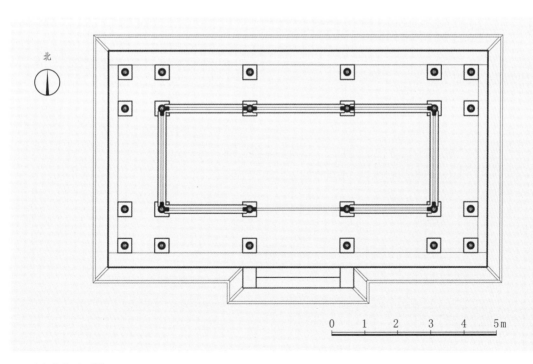

北

0 1 2 3 4 5m

▲ 后院北房平面图

▲ 修缮前的后院正房　　　　　　　　　　　　　　　　　　　▲ 修缮后的后院正房

建筑稍低，以利抵御强风，这些都是广东沿海地区的建筑特色。会馆建筑及木装饰均集南北方建筑特色于一身。会馆早期曾有魁星楼、戏台、假山、亭榭、水池、小石桥、什锦窗院墙等建筑，并植有柳树、桃树、梅树、藤萝、牡丹等花草树木，太湖石假山上长满爬山虎，环境十分幽美，后期均遭破坏、拆毁。

辛亥革命后，"广东青年会"以香山会馆为会址，进行革命活动，后在此成立了"中山少年学会"。解放战争时期，中共晋察冀中央局城工部和中共华北中央局城工部依照中共中央"隐蔽精干、长期埋伏、积蓄力量、以待时机"的方针，将中山会馆设为秘密活动的地点。刘仁等同志都曾在这里进行过地下革命活动。

1951年中山会馆由"北京广东省会馆财产管理委员会"接管，此后辟为居民院，花厅、过厅建筑保存较好。2007年，北京市人民政府出资对中山会馆进行全面修缮，会馆现由北京京都文化投资管理公司管理使用。

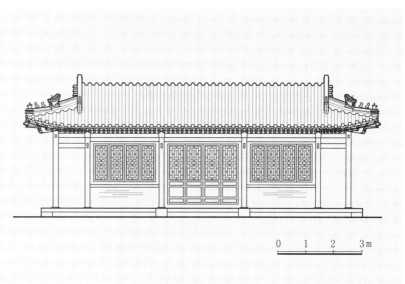

▲ 后院北房立面图

▲ 未修缮的后院方亭

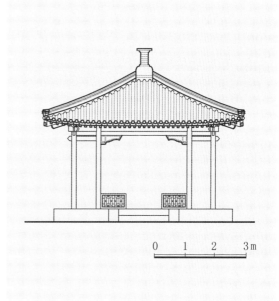

▲ 方亭立面图

正乙祠

正乙祠位于北京市宣武区前门西河沿街281号，是京城存留不多的行业会馆之一，2001年被北京市人民政府公布为北京市文物保护单位。

该处原为明代古寺庙，清康熙六年（1667年）由浙江绍兴银号商人集资，利用古寺址创立祠堂会馆，名"正乙祠"，其目的是"奉神明，立商约，联乡谊，助游燕"[1]，也称"银号会馆"或"浙江钱业会馆"。关于其内所供之神，说法不一，主要有两种：一说法是正乙祠与道教

▲ 大门

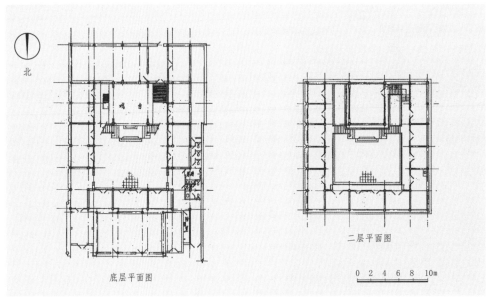

底层平面图

二层平面图

0 2 4 6 8 10m

▲ 正乙祠戏楼平面图

① 李华：《明清以来北京工商会馆碑刻选编》，《重修正乙祠碑记》，文物出版社，1980年6月，第11—12页。

北京古建文化丛书

其他文物建筑

▲ 戏楼内戏台

有关，应供奉正一天师张道陵；另一说法认为正乙祠是银号会馆，供奉的应是财神赵元帅（正一元帅）。又因中国古代"乙"与"一"字通用，则"正一"即为"正乙"，成为该祠名。清康熙四十九年（1710年），浙江绍兴银号商人再次集资购买此地，修建正乙祠，康熙五十一年（1712年）落成即为现在之规模，内设戏楼供"燕乐"，大堂供集会，撰有《正乙祠碑记》。乾隆五十七年（1792年）、同治四年（1865年）和1913年分别进

▲ 戏楼内看台包厢

行过修缮。

正乙祠坐南朝北，临街为九间倒座北房，正中一间辟为入口，系广亮大门，尺度与一般住宅相似。庭院东西长，南北短，两排客房南北对峙。院内偏东有南房三间。

戏楼为木结构建筑，位于会馆西部，坐南朝北，面积315平方米，为北京现存四座会馆戏楼之一。戏楼布局紧凑，工艺讲究，罩棚只用一个大卷棚顶，在会馆戏楼中别具一格。戏楼正中罩棚（即池座）东西面阔三间，南北进深十二檩，卷棚悬山顶。东、西、北三面为二层看台，进深三檩，上加坡檐。室内梁架明露，绘有彩画。戏台在南面，

▲ 戏楼内景

上下两层，伸出式舞台。一层戏台正方形，台基高0.95米，约6米见方，四角立柱。台顶设木雕花罩，侧面有架空木梯可通二层楼座。台下中心为池座，约70平方米。楼座设"万"字花板栏杆，雕花木挂檐板，二层正面楼座护栏下雕有五条行龙，楼座向外满开槛窗。舞台后（南）部扮戏房六间。戏楼前（北）部正厅五间，正中三间为厅，两梢间为戏楼入口。整个戏楼可容纳200余人。京剧大师王瑶卿、梅兰芳等均曾在此献艺。

1937年，正乙祠被日寇占为仓库，再后又因银号业凋敝，沦为煤铺。中华人民共和国成立后，1954年将其辟为北京市教育局招待所，

1986年定为北京市宣武区文物保护单位，1989年作局部加固。1994年民营企业家王宇鸣出资修缮正乙祠戏楼，恢复古戏楼面貌，1995年再现演出盛况。2005年，北京市人民政府出资，对正乙祠进行了修缮。现修缮一新的正乙祠戏楼仍在进行演出活动，成为展示中国传统文化的一个窗口。

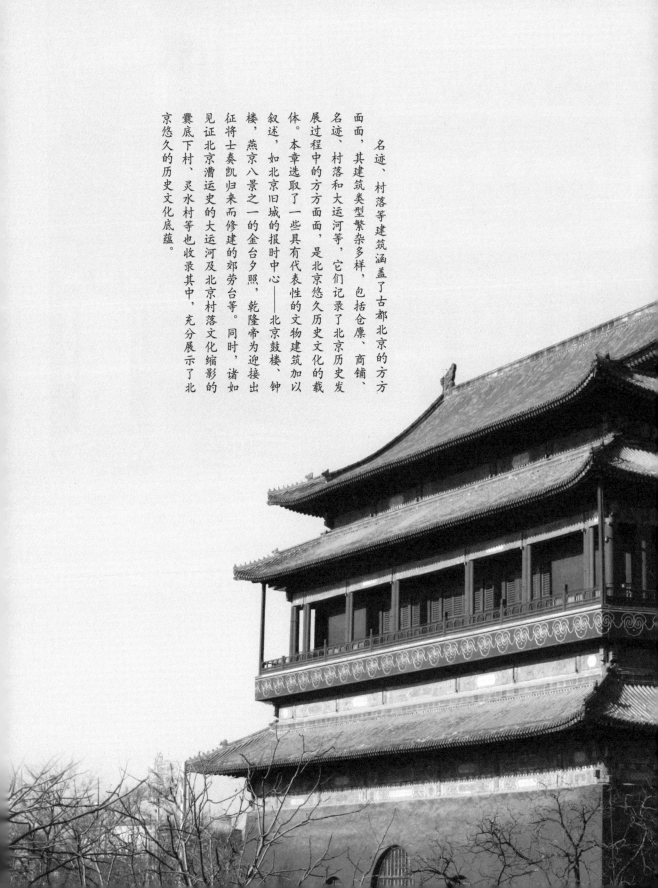

名迹、村落等建筑涵盖了古都北京的方方面面，其建筑类型繁杂多样，包括仓廪、商铺、名迹、村落和大运河等，它们记录了北京历史发展过程中的方方面面，是北京悠久历史文化的载体。本章选取了一些具有代表性的文物建筑加以叙述，如北京旧城的报时中心——北京鼓楼、钟楼，燕京八景之一的金台夕照，乾隆帝为迎接出征将士奏凯归来而修建的郊劳台等。同时，诸如见证北京漕运史的大运河及北京村落文化缩影的爨底下村、灵水村等也收录其中，充分展示了北京悠久的历史文化底蕴。

名迹、村落等

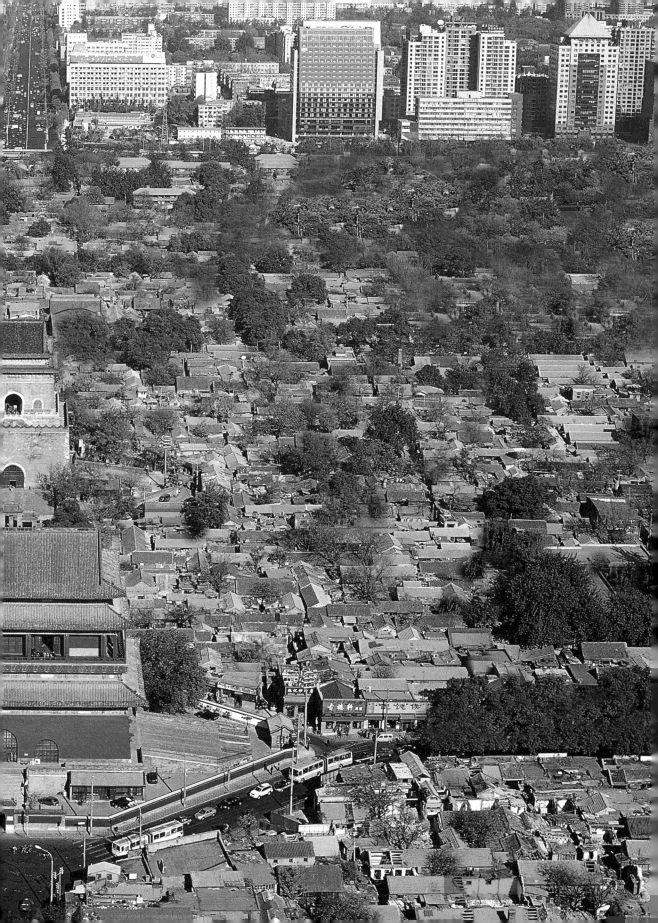

北京鼓楼、钟楼

北京鼓楼、钟楼位于北京城南北中轴线最北端，是元、明、清三代都城的报时中心，亦是研究明、清两代建筑形制、建筑构造、建筑艺术和冶炼、铸造、施工等技术的珍贵实物资料，1996年被国务院公布为全国重点文物保护单位。

中轴线，即为中国古代大型建筑群平面中统筹全局的轴线，各建筑的对称分布及空间分配均以此轴线为依据。中国历代都城大都有明确的中轴线，皇宫位于中轴线上，而北京作为元、明、清三代都城，所形成的中轴线更是古都北京城市建设中最为突出的成就之一，是世界城市建设历史中最杰出的城市设计之一。北京的中轴线以燕墩为向导，南起点始于永定门，北终点止于北京鼓楼、钟楼，途经天桥（天街）、正阳门、大清门、故宫（紫禁城）、景山及地安门，贯穿北京旧城，全长约7.5公里。2003年北京市人民政府拨款4321.5万元进行南中轴线整治工程。

北京有比较明确的中轴线源于金代，金代北京称为"中都"，是金代的都城，其修建仿照北宋汴京城规制，在辽南京城基础上加以扩建。都城中有一条御路贯穿丰宜门、宣阳门、应天门，形成了北京早期中轴线的雏形，不过此时的中轴线并不在整座中都城的中央，而是

永定门

正阳门

天安门

太和殿

▲ 北京中轴线建筑剪影

偏西侧。元代，元世祖忽必烈
兴建大都城，标志着北京中轴线
的正式形成。此时的中轴线自南
而北始于丽正门，途经太液池东
岸皇城的轴线，止于中心阁，全
长约四公里。此时中轴线虽位于
大都城中心，然而鼓楼、钟楼却
不在中轴线上，位于中轴线偏西
的位置。明代对元大都城加以改
造，修筑外城，延长了中轴线，
同时将鼓楼、钟楼向东迁移至中
轴线上，从而形成了今天的格
局。清代沿用了明代北京城及宫
殿的布局，甚少改造。

北京的中轴线按城市构图
可以分为三段，第一段由永定门
至正阳门，此段以永定门前的燕
墩作为向导，是中轴线最长的一
段，中轴线两侧对称分布先农坛
及天坛，其余建筑则略显平淡、
缓和，可以看做是高潮前的铺

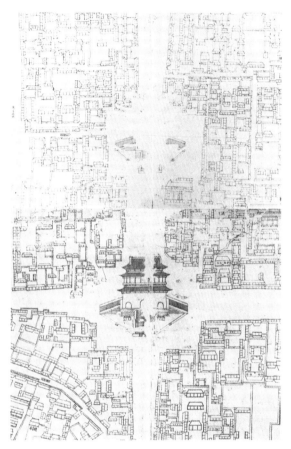

▲ 北京鼓楼、钟楼（引自《乾隆京城全图》）

景山万春亭

鼓楼

钟楼

▲ 鼓楼、钟楼

垫。第二段由正阳门至景山，此段贯穿皇城及皇城前广场，两侧对称
分布着中央衙署、皇家祠庙寺观及宫殿，色彩以黄琉璃瓦及高大的红
墙为主，体现了高贵威严的气势，是整个中轴线的高潮。第三段由景
山至北京鼓楼、钟楼，是中轴线最短的一段，亦是高潮后的尾声。由
此，北京中轴线形成了一首包含序曲、高潮及尾声，节奏起伏跌宕的
完美乐章。2008年随着北京奥运会的成功举办，北京又形成了在旧城
中轴线基础上向北延伸至北顶娘娘庙的新中轴线。

　　北京鼓楼、钟楼作为中轴线上末段的重要建筑及中轴线的终点，
备受世人瞩目。两座建筑均坐北朝南，前后纵置，鼓楼在前，钟楼在

后。其中鼓楼始建于元至元九年（1272年），原名"齐政楼"，毁于大火。元大德元年（1297年）重建，后再度毁于大火。明永乐十八年（1420年）再次重建。明嘉靖十八年（1539年）鼓楼遭雷击被毁后第三次重建。清嘉庆、光绪年间都曾对鼓楼进行修缮。清光绪二十六年（1900年），八国联军入侵京师时，北京鼓楼、钟楼的文物遭受破坏，建筑幸免于难。1925年，鼓楼易名为"明耻楼"，次年复改为"齐政楼"。1984年北京市人民政府曾对鼓楼进行大规模修缮。2002年国家拨专款再次对鼓楼进行修缮。

北京鼓楼通高46.7米，是北京古建中除塔之外的第二高度的建筑，亦是京城体量最大的砖木建筑之一。鼓楼面阔五间，为三重檐歇山顶建筑，覆绿剪边灰筒瓦屋面，上层檐施以重昂五踩斗拱，下层施以单翘单昂五踩斗拱，平座下施以重翘五踩斗拱，木构架绘墨线小点金旋子彩画。整座建筑坐落于高约四米、四面呈坡道形的砖石台基上，宽为56米，进深为33米，南北有砖砌阶梯，东西为礓磋坡道。鼓楼内

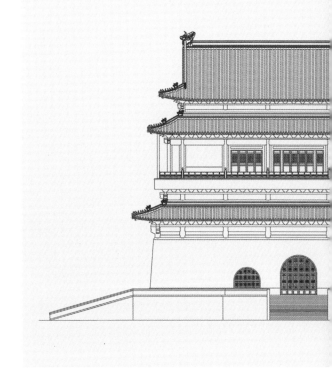

▲ 鼓楼南立面图

部包括上、下两个功能层和中间的一个结构暗层。下层为四米高的城台，内部拱券结构，南、北各有三座券门，东、西各一座券门。北墙东侧有旁门，门内有69级石阶直通二层，其楼梯之深长，世所罕见。二层四周设回廊，宽约1.3米，平座周围建木栏杆，四角支撑有擎檐柱，平座下悬木挂檐板，如意头贴金彩画。三层为暗层。鼓楼二层原

▲ 鼓楼

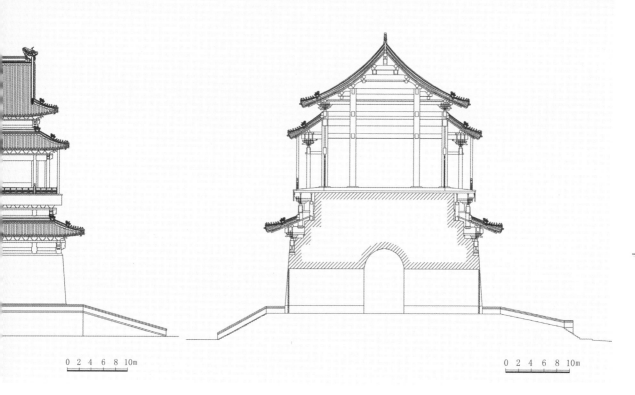

0 2 4 6 8 10m　　　　　　　　　0 2 4 6 8 10m

▲ 鼓楼剖面图

▲ 鼓楼翼角

▲ 鼓楼入口门楼

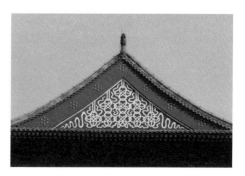

▲ 鼓楼山花

137

▲ 新做更鼓群

▲ 转角斗拱及彩绘

▲ 额枋彩绘

有更鼓二十五面，是我国最大的报时鼓群，其中主鼓一面，群鼓二十四面，代表一年和二十四节气，现仅存一面主鼓，并且损毁严重（鼓面被八国联军戳破）。该鼓高2.22米，腰径1.71米，面径1.40米，仍放在原处。此外，鼓楼内原有铜壶滴漏一座，为古代计时器物，今无存。1987年北京民族乐器厂按原物制作了更鼓复制品用以展览；2005年铜壶滴漏复制成功，从而恢复了一套完整的司时系统。

其他文物建筑

▲ 铜壶滴漏

▲ 鼓楼楼梯

▲ 原更鼓

▲ 钟楼

　　钟楼原址为元大都大天寿万宁寺之中心阁，始建于元至元九年（1272年），毁于火。明永乐十八年（1420年）重建，而后再度烧毁。清乾隆十年（1745年）奉旨再次重建，并采用砖石拱券式结构，乾隆十二年（1747年）竣工。民国年间，钟楼改为电影院，后停办。日本战败投降后，钟楼电影院恢复使用。1958年钟楼归属北京市东城区教育局，曾作为仓库，1983年底撤出。1976年，地震使钟楼受损。1986年国家拨专款对钟楼进行修缮。

　　钟楼通高47.9米，楼体高33米，总占地面积约6000平方米，是北京古建中除塔之外的第一高度。钟楼为无梁式砖石结构，由基座和楼身两部分组成。建筑面阔三间，重檐歇山顶，覆绿剪边黑琉璃瓦，上层檐施以仿木重昂五踩砖斗拱，下层施以仿木单翘单昂五踩斗拱，檐下石构件绘以墨线大点金旋子彩画。钟楼基座高大坚固，全部用城

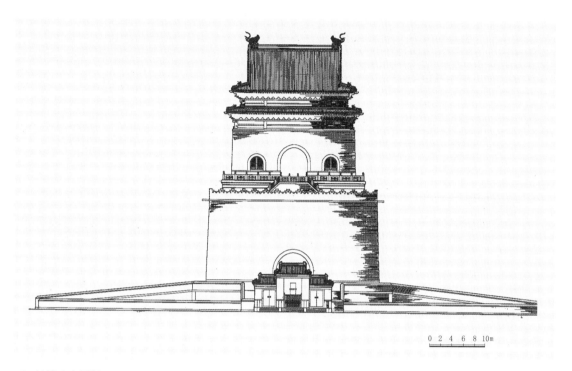

▲ 钟楼南立面图

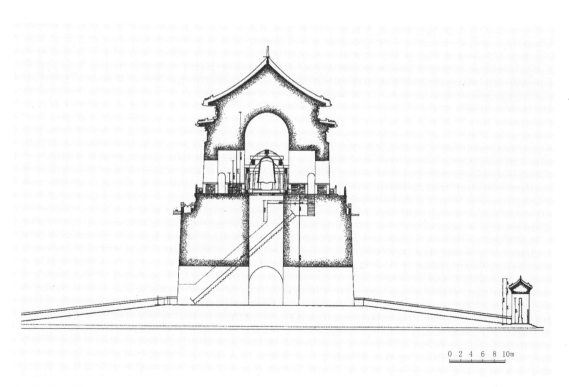

▲ 钟楼剖面图

▲ 钟楼重檐屋面

▲ 钟楼石券门及券窗

砖砌筑而成，上部建有雉堞，基座四面各有拱券式大门一座，内部呈十字券结构，东北隅有旁门，内有75级石阶直通二层。基座之上为巨大的汉白玉须弥座，束腰雕有精美蔓草纹饰，四周环以汉白玉栏杆，石榴柱头，三幅云净瓶镂空栏板，南北两侧各出八级台阶，单侧扶手栏杆，可供上下，须弥座上建造楼身。钟楼四面明间开有拱券门，次间为三交六碗石券窗，边框上雕有铺首，两侧山花均为琉璃砖拼成的金钱绶带图案。钟楼内正中立有

▲ 钟楼楼梯

一八角形木框架，上面悬挂着刻有"大明永乐年月吉日制"字样的报时铜钟，钟体高5.5米，下口直径3.4米，重约63吨，是明、清两代报时用原物，为目前我国发现最重的铜钟。另外，钟楼原有明永乐年间铸造的铁钟一口，置放于楼外平地上，现由北京市大钟寺古钟博物馆收藏。钟楼正南方为面阔三间的大门，明间门内正中立乾隆十二年（1747年）重建钟楼碑，螭首方座，乾隆撰文，碑首题额"御制重建钟楼碑记"，碑阳为户部尚书梁诗正奉敕敬书碑文，碑阴为京兆尹薛笃弼书的《京兆通俗教育馆记》碑文。

北京鼓楼、钟楼作为元、明、清时期北京城的报时中心，备受世人关注。在清朝，钟、鼓楼隶銮舆卫衙门，由銮舆卫校尉专司，原规定昼夜报时，其中定更与五更采用先击鼓后敲钟的形式，按"紧十八，慢十八，不紧不慢又十八"的规律重复两遍，共计108声，二

▲ 报时铜钟

更至四更则只敲钟不击鼓，以免影响百姓休息。乾隆时改为仅报定更与五更，敲击方法相同。那么，钟、鼓楼又是如何传声的呢？研究表明，北京鼓楼、钟楼的报时传声原理十分巧妙，其建筑形制十分符合声学原理。如鼓楼内部拥有庞大的更鼓群，同时敲击时产生极强共振效应，鼓声雄浑，从而满足了定时功能和扬威的需要。而钟楼内部则设计成穹顶结构，配合下部十字券形门洞，形成了集聚声、共鸣、扩音于一体的声学结构，最大限度地向四面八方传递钟声，起到了报时的作用。并且由于古时候的京城没有高大建筑，在周围环境声音40分贝的情况下，以敲钟声级的102分贝计算，其声可达十公里以外，符合古文献中关于"都城内外，十有余里，莫不耸听"的记载，体现了古代工匠高超的设计及建造技艺。2001年4月20日北京市人民政府拨款551万元对钟楼油饰加固和对鼓楼地面整修，2002年5月31日完工，2007年又拨款31.2万元对钟、鼓楼进行抢险结构检测。

▲ 报时铜钟悬架

▲ 铜钟铭文

▲ 钟楼传声道

▲ 钟楼前《御制重建钟楼碑记》

南新仓、北新仓

南新仓、北新仓位于北京市东城区，是明、清两朝在京师地区设立的重要官署仓廒，为研究北京仓储文化提供了珍贵的实物资料，1984年被北京市人民政府公布为北京市文物保护单位。

我国有着悠久的贮粮文化，从考古发现的汉代"华仓"、唐代"含嘉仓"，再到江苏镇江宋代粮仓遗址及元、明、清三代的众多粮仓都充分说明了这一点。同时，由于粮贮具有较大的社会作用，故受到历代封建统治者的重视，成为其巩固统治方法的一部分。我国历代粮仓大致可以分为三类，即义仓、常平仓和官仓。义仓，又称社会仓，多设于村落之中，用于农民贮粮，以便其荒年自赈。常平仓为官府粮仓，设于州、县府衙，由官府在丰年收粮贮存，以便灾年开仓赈济灾民。官仓则是专供朝廷中央开支的粮仓，设于王朝国都，所贮粮食用于皇室开销、官员俸给及军队粮饷。北京作为元、明、清三代国

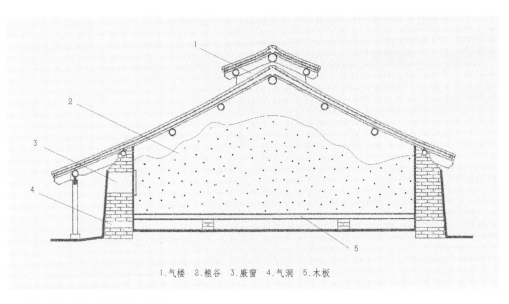

1.气楼 2.粮谷 3.廒窗 4.气洞 5.木板

▲ 清代官仓廒座贮粮剖面示意图

▲ 南新仓仓廒

都，故所建粮仓多为官仓。

北京官仓的设立始于元代，元世祖忽必烈兴建大都，大都军民用粮皆仰给江南，因此开始了大规模的南粮北运，并于大都城内、城边及通州等地设立官仓贮粮，共计54座。按元代规定，大都官仓隶属户部下设的"京畿都漕运使司"，仓以"间"为单位贮粮，粮米供给蒙古贵族、官员及军队开支，必要时也可用作赈济。明代在北京元代官仓的基础上加以扩建、重建，起初只用于供应军粮，故设置以"卫"为单位。迁都北京后设立供给皇室、官员及军队的官仓，并将卫仓归于京城官仓之下。同时，明代较元代在官仓建制上有了改建与发展，规定三间为一廒，后改为五间为一廒，前后出檐，城砖砌筑，廒门悬挂匾额，标明某卫某字号廒，廒内铺设木板防潮。到了清代，仓廒以明仓基础建立，规定每廒五间，顶上设气窗，廒内底部用砖铺砌，上设木板，并在墙下开气孔以便通风，仓墙上则开设窗户，封护檐后檐墙。至此，形成了一套十分完善的仓储管理体制。

南新仓位于东城区东四十条22号，俗称东门仓，是明、清两代北京的官仓之一，亦是北京现存古代粮仓中规模最大、现状保存最完好的皇家仓库。南新仓旧址为元代北太仓，明永乐七年（1409年）在元仓基础上建立南新仓，明正统三年（1438年）扩建，设军卫、卫仓储军粮，纳入官仓管理。南新仓为中心仓，时辖府军卫仓、燕山左卫仓、彭城卫仓、龙镶卫仓、龙虎卫仓、永清卫仓、金吾左卫仓、济州卫仓共八个卫仓，只供军需，由南新仓统一调配。清代初期，沿袭了明朝的粮仓制度，并继续加以扩建，在明初33廒的基础上，经康、雍、乾三朝陆续增至76廒。民国时期，南新仓改为军火库，仓廒减为17座。中华人民共和国成立后，南新仓成为北京市百货公司的仓库。现在此建立了专业性仓储博物馆，归北京市百货公司管理。

南新仓作为官式粮仓，是供给朝廷开支的粮米仓，规模庞大。原建筑除仓房外，还有廒座、龙门、官厅、监督值班房、官役值班所、科房、大堂、更房、警钟楼、激桶库、太仓殿、水井、辕门、仓神庙和土地祠等。由于清末及后来的拆改损毁，今仅存仓廒九座。现存仓廒规模大小不等，进深约为17米，高约七米，建筑形制基本相同，均为砖木结构，墙体采用大城砖砌筑而成，五花山墙，悬山顶清水脊合瓦屋面。主要仓廒建筑前面每隔几间修建小型轩式建筑一座，用作进出粮仓的通道。同时，仓廒顶部设有天窗，用于调节仓房内的温湿度。廒底采用砖砌铺墁，上覆木板，板下另留一米左右的空隙以便防潮，现改为水泥地面。整座南新仓环以围墙，墙上部为皮条脊合瓦顶，匾额已无存。

▲ 仓墙

▲ 南新仓俯瞰

▲ 气窗

北新仓位于东城区北新仓胡同甲16号，是明、清两代北京的官仓之一。北新仓创建于明代中期，明万历年间在此设立海运仓，后因需要扩大粮仓，在其北部设立新仓，又因南面与南新仓相对，故称北新仓，以便储存漕粮，自此南门为海运仓，北门为北新仓。清初，北新仓有仓廒49座，后于康熙三十二年（1693年）增至85座，并陆续有所增建。光绪二十六年（1900年）八国联军进京后，强占粮仓，建筑遭到破坏，其作为明、清两代官仓贮粮的历史宣告结束。民国时期，北新仓被改成陆军被服厂，原有设施进一步遭受破坏，仓廒数量骤减。中华人民共和国成立后将其作为机关单位使用，得到了较好的保护。

　　北新仓平面呈不规则矩形，现存仓廒六座，多为清代建筑，个别为明代。建筑通体采用城砖砌筑，廒座明间前均建有抱厦，且大多数仓廒前后檐和山墙开窗，合瓦屋面，部分仓廒屋面带正脊。一号仓坐东朝西，悬山顶，五花山墙，由三廒组成，每廒五间，共计十五间；二号仓坐南朝北，悬山顶，五花山墙，由二廒组成，每廒五间，共计十间；三号仓坐北朝南，悬山顶，五花山墙，面阔五间；四号仓坐北朝南，硬山顶，面阔五间；

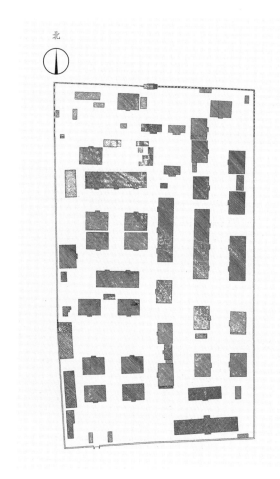

北

▲ 北新仓平面图（20世纪50年代）

▲ 北新仓仓墙山面

▲ 仓廒入口

五号仓坐南朝北，硬山顶，面阔五间；六号仓坐南朝北，硬山顶，面阔五间。此外，北新仓的部分仓墙及各廒通风设施大部分保存完整。2002年8月25日，北京市人民政府拨款163.2万元对北新仓进行抢修，同年11月15日完工。

南新仓、北新仓作为北京地区现存为数不多的仓房建筑，

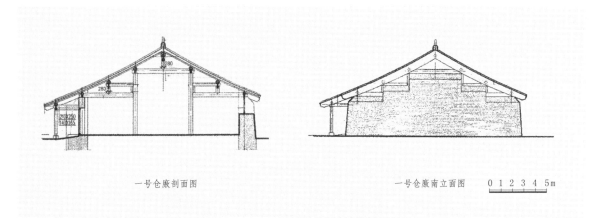

一号仓廒剖面图　　　　　　　　　　　一号仓廒南立面图　　0 1 2 3 4 5m

一号仓廒西立面图

0 1 2 3 4 5m

▲ 北新仓仓廒剖、立面图

亦是我国古建筑中的一个特殊类型，其建筑布局、结构形式、运作方式和管理体制，为研究古代仓储制度和仓房建筑提供了宝贵的实物资料。

▲ 圆形通风口

雪池冰窖

　　雪池冰窖位于北京市西城区雪池胡同10号，为明、清两朝宫廷御用冰窖，2003年被北京市人民政府公布为北京市文物保护单位。

　　雪池冰窖建于明万历年间，时称"里冰窖"。清光绪庚子年（1900年），雪池冰窖由官差于、祖、耿三姓人负责，轮流经营，三年一转。至光绪三十四年（1908年），因国库困顿，经济拮据，致使雪池冰窖形成了半公半私的经营模式。1916年，雪池冰窖被承租给私人经营，成为给国民政府要员及逊清皇室提供用冰之所。1925年，雪池冰窖归北海董事会管理。1950年冰窖收归国有。1961年和1968年先后两次对冰窖进行了较大规模的设备改造和修缮，将旧时运冰方式改为提升架和铁滚筒的运冰方式，减轻了劳动强度。1972年，雪池冰窖停用，从而结束了其长达406年的储冰历史。

　　雪池冰窖原有东西向排列冰窖六座，现存其中较大的两座，西侧一座东西长、南北窄；东边一座南北长、东西窄。两座冰窖呈L形布局，为半地下式建筑，主体上部采用城砖五伏五券砌筑，边墙长约20米，高约2米，山墙宽约10米，最高处约4米，硬山顶过垄脊灰筒瓦屋面，原覆黄琉璃瓦。冰窖两端山墙上均开设宽约1米，高约2米的拱

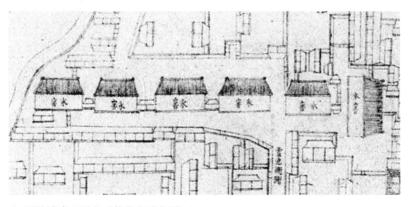

▲ 雪池冰窖（引自《乾隆京城全图》）

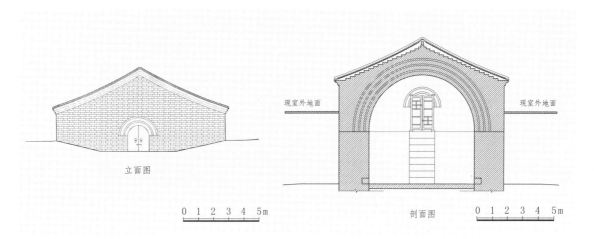

现室外地面

现室外地面

立面图

0 1 2 3 4 5m

剖面图

0 1 2 3 4 5m

▲ 雪池冰窖图纸

▲ 修缮前的雪池冰窖

▲ 修缮后的雪池冰窖

门以便出入。冰窖内深约4米，长约25米，宽约10米，底部采用柏木桩为基础、花岗岩铺底、砌墙，顶呈拱券形。冰窖内设窖门一座，门外安置砖井一口，以便承接窖内融化的冰水。在窖址北边还有神殿一间，殿内供奉窖神，现均已无存。2006年4月27日，北京市人民政府拨款11万元对雪池冰窖进行抢险修缮工程。

▲ 雪池冰窖东冰窖入口楼梯　　▲ 雪池冰窖东冰窖室内

▲ 凿冰　　　　　　　　　　▲ 搬运、储存冰块

据《大清会典》记载，清朝在京城共设冰窖18座，分为4处，均由工部都水司掌管。这些冰窖分为砖窖、土窖两类，所储之冰因水源不同，冰质有高下之别。雪池冰窖所储之冰为皇家御用，冰质较高。每年腊月从太液池、什刹海、筒子河及护城河中取冰，经陟山门街运至此处存放。

雪池冰窖作为北京现存不多的皇家御用冰窖，对于研究北京旧时冰窖的建筑形式、布局、结构等方面提供了珍贵的实物资料，同时，也是北京旧时藏冰消暑文化的一个缩影。

旧式铺面房

　　旧式铺面房位于北京市西城区地安门外大街50号，是北京现存较为完整的铺面房建筑，亦是北京现存传统铺面房中的典型代表，2001年被北京市人民政府公布为北京市文物保护单位。

　　所谓铺面房，即为旧时北京的一种临街性商业建筑，是城市商业文化的体现。北京传统民族样式的铺面房形式多样，有别于近现代修建的西洋式或中西结合式铺面房。其主要形制分为三间二柱单檐一层牌楼式、单檐重楼栏杆转角式、三间单檐重楼式、两间带雨棚式、三间重楼朝天栏杆式、三间重楼带九龙头式、三间四柱重檐三层牌楼式等。

　　地安门旧式铺面房建于清代末期，原为谦祥义绸布店，五间单檐重楼式建筑，坐东朝西，砖木结构，通面阔15米，通进深15米，建筑面积约400平方米。铺面房屋面为硬山顶勾连搭覆灰筒瓦，一层店堂宽敞明亮，二层楼廊雕镂精美，檐下施以苏式彩画，额枋下装饰镂雕

▲ 地安门大街旧式铺面房

▲ 旧式铺面房之一

▲ 旧式铺面房之二

▲ 彩绘及镂雕

挂落。建筑后楼作为账房，北侧原有库房，现已被拆除，现为瑞蚨祥商店使用。

地安门旧式铺面房作为旧京闹市一处珍贵的商业文化实物遗存，对于北京商业文化的研究具有重要意义。

燕墩

燕墩位于北京市崇文区西南部，永定门外铁路南侧，俗称"烟墩"，是北京城传统中轴线南端的标志性景观，旧俗为重阳登高之处，其上立有清乾隆皇帝手书御制碑一座，为北京著名碑刻之一，1984年被北京市人民政府公布为北京市文物保护单位。

燕墩始建于元代，初为一座土台，位于元大都丽正门外，至明嘉靖三十二年（1553年）北京修筑外城时才用砖包砌。据文献记载，元、明两代北京有"五镇"之说，燕墩因其形似烽火台，曾与广渠门外的神木（明初营建皇宫遗存的巨木，原在东三环路黄木厂路）、德胜门内的镇水观音庵［乾隆二十六年（1761年）……郭守敬纪念馆］、西直门外的永乐大钟（在大钟寺内）和皇城中心的景山并列为"金木水火土"五方镇城之宝，时称"京城五镇"，燕墩即为南方之镇，是历代皇帝用以祈求皇权永固的场所。另据《日下旧闻考》载："燕墩，在永定门外半里许，官道西。恭立御碑台，恭勒御制《帝都篇》《皇都篇》。"

▲ 燕墩全景

▲ 御制碑

现存燕墩建筑为一座平面呈正方形的墩台，上狭下广，台底各边长14.87米，台面长13.9米，高约9米，在台顶四周原有高约1米的女墙，现已损毁。墩台西北角设石门两扇，门内有石阶45级，可达台顶。台顶正中为一座正方形石坛，坛上立方形四面碑一座，即为御制《帝都篇》《皇都篇》碑。石碑高约8米，下部为束腰须弥座，束腰部分采用高浮雕技法精雕24尊水神像，各尊神像均袒胸裸足，形态各异，充分显示出古代工匠精湛的雕刻技艺，其他部分则雕刻云、龙、菩提珠、菩提叶等图案。石碑上部为四角攒尖顶方形碑盖，四脊各雕一龙，龙身作波浪形奔腾状，昂首上扬，似欲飞奔夺宝顶。碑身南、北面分别采用满、汉两种文字对照镌刻清乾隆十八年（1753年）御制《皇都篇》和御制《帝都篇》，《帝都篇》刻于碑阴（北面），《皇都篇》刻于碑阳（南面）。碑文为阴刻楷书，记述了北京幽燕之地的形胜，是研究和展示北京历史的重要实物文献，具有较高的历史价值。2004年北京市人民政府拨款20万元对燕墩进行抢险修缮。

附碑文：

帝都篇

帝都者，唐虞以前都有地而名不著，夏商以后始各有所称，如夏邑、周京之类是也。王畿乃四方之本，居重驭轻，当以形势为要。则伊古以来建都之地，无如今之燕京矣。然在德不在险，则又巩金瓯之要道也。故序大凡于篇。

天下宜帝都者四，其余偏隘无足称。轩辕以前率荒略，至今涿鹿传遗城。丰镐颇得据扼势，不均方贡洛乃营。天中八达非四塞，建康一堑何堪凭？惟此冀方曰天府，唐虞建极信可征。右拥太行左沧海，南襟河济北居庸叶。会通带内辽海外，云帆可转东吴粳。幅员本朝大无外，丕基式廓连两京。北京顺天府盛京奉天府。我有嘉宾岁来集，

▲ 御制碑碑座束腰24尊水神雕刻

无烦控御联欢情。金汤百二要在德，兢兢永励其钦承。

乾隆十有八年岁次癸酉孟夏月御笔。

皇都篇

皇都者，据今都会而为言，约形势则若彼，详沿革则若此。盖不如研京十年，练都一纪，鸿篇巨作，纂组雕龙。若夫文皇传十首之吟；宾王构一篇之藻。节之中和，固所景仰；归于晓遇，亦用兴怀。俊逸清新，古人蔑以加矣；还淳返朴，斯篇三致意焉。

惟彼陶唐此冀方，上应帝车曰开阳。轩辕台榭虽莫详，职方有幽无徐梁。要之幅员长且广叶，山河襟带具大纲。列国据此士马强，可以雄视诸南邦。辽金以来始称京叶，阅今千年峨天闾。地灵信比长安长。玉帛奔走来梯航，储胥红朽余太仓。天衢十二九轨容叶，八旗居处按界疆。朱楼甲第多侯王，槐市陆海无不藏。富乎盛矣日中央，是予所惧心彷徨。

乾隆十有八年岁在癸酉孟夏月御笔。

金台夕照

金台夕照位于北京市朝阳区东三环北路23号,为燕京八景之一。

旧时北京有"燕京八景"之说,即八处著名景点,又称"燕山八景"或"燕台八景"等。其相关记载最早见于金朝的《明昌遗事》,所记名目曰"燕山八景"。元、明、清时期,八景名称几经变化。至清乾隆十六年(1751年),乾隆帝钦定八景为:太液秋风、琼岛春阴、金台夕照、蓟门烟树、西山晴雪、玉泉趵突、卢沟晓月、居庸叠翠。

金台,即黄金台,原指公元前3世纪燕昭王为礼贤下士所置土台,台上放置千金,以聘请天下名士。金代燕山八景中便有"道陵夕照"的称谓,后改称"金台夕照",成为金中都城内一景。据《天府广记》载:"燕城故迹,见于元人萭逻禄,乃贤文集者,一曰黄金台,大悲阁东南隅台坊内。"① 清乾隆十六年(1751年),乾隆帝根据历代诗词及相关记载作诗一首,概括了黄金台的历史情况,并立"金台夕照"碑。民国时期,由北平市政府编写的《旧都文物略》中收录了已经倒卧的金台夕照碑照片,证明了它的存在②。然而由于年代久远,难于考证,对于金台夕照具体位置一直无法确定。2002年,在北京朝阳区CBD商务区的施工现场,通过考古勘探得知地下有长2.7米的卧碑和大型夯土台,从而确定了乾隆御题的"金台夕照"所在地,使消逝了数十年的"金台夕照"重现光彩。

"金台夕照"遗址有一夯土台基,南北长约67米,东西宽约35米,厚1.5米,其址原为清镶白旗满蒙军队的校军场,传说校场中曾有高台一座,即金台,乾隆帝途经此地时遂将其定为"金台夕照"。在夯土台东侧有石碑一通,即为乾隆御笔"金台夕照"碑。石碑碑

① [清] 孙承泽:《天府广记》卷二,北京古籍出版社,2005年5月,第131页。
② 北平市政府秘书处:《旧都文物略》名迹略下,中国建筑工业出版社,2005年6月,第64页。

名迹、村落等

161

座为须弥座形式，与碑顶均雕刻吉祥图案，碑身呈长方形，高2.35米，宽1.15米，厚0.5米，碑阳镌刻乾隆行书"金台夕照"四字，落款为"乾隆辛未初秋御笔"，下有两方御印。碑阴镌刻乾隆草书七言律诗一首："九龙妙笔写空蒙，疑似荒台西或东。要在好贤传以久，何妨存古托其中。豪词赋鹜谁过客，博辩方盂任小童。遗迹明昌重校检，辜然高望想流风。"

▲ "金台夕照"碑

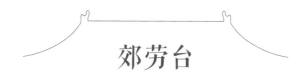

郊劳台

郊劳台位于北京市房山区良乡大南关外，俗称接将台，创建于清乾隆二十五年（1760年），是皇帝迎接出征将士奏凯归来之地，也是研究清史的重要实物资料，1995年被北京市人民政府公布为北京市文物保护单位。

清乾隆二十五年（1760年）二月，乾隆帝偕文武百官、王公大臣从京城出发来此为平定准噶尔部贵族叛乱凯旋的将军兆惠、富德行郊劳礼，并分封两位将军为一等公和一等侯。劳师之前驻跸良乡的黄辛庄行宫，乾隆帝下旨，要在良乡东侧大南关的郊劳台检阅大军。欣喜之余，乾隆帝还题诗一首，勒石一方，立在郊劳台北侧。16年后，乾隆帝再次驾临此地，迎接平定两金川凯旋的大将军阿桂。

郊劳台现仅存基址，其原有面貌已无法窥见。据文献记载，郊劳台（接将台）为一圆形石台，高五尺，径五丈，四周筑有围墙，墙高七尺，厚有一尺一寸，东西宽十六丈，南北长达四十八丈，东、西各有大门一座，墙外四周种树三层，葱茏茂盛。据说郊劳台是在清乾隆二十四年（1759年）腊月正式动工修建的，工程耗资巨大，集中了全国能工巧匠全力修建，前后共历时三个月便告竣工，其施工速度之快，做工之精细，在历代少有。

郊劳台基址北侧另有御碑亭一座，双围柱单檐八角形，石质结构，每面宽2.26米，内外两层共设汉白玉柱16根，每层各8根，亭顶覆黄琉璃瓦屋面，檐下木质挑檐。亭内中央立石碑一通，为乾隆二十五年（1760年）二月二十七日所立《郊劳诗》碑。碑高2.25米，宽2.26米，厚0.28米，碑文镌刻乾隆郊劳纪事诗，文中记载："时大将军臣兆惠平定准噶尔四部，奏凯于二月二十七日，皇上行郊劳礼。又乾隆

▲ 郊劳台御碑亭

四十一年（1776年），大将军臣阿桂平定两金川，奏凯于四月二十七日，皇上行郊劳礼。"2001年11月20日北京市人民政府拨款35万元对郊劳台进行修缮，2002年5月1日完工。

▲《郊劳诗》碑

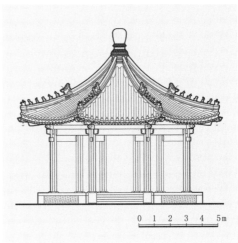

▲ 御碑亭立面图

旭华之阁及松堂

　　旭华之阁及松堂位于北京市海淀区香山南麓健锐营演武厅西南，1984年被北京市人民政府公布为北京市文物保护单位。

　　旭华之阁原是清乾隆二十七年（1762年）建的宝相寺主殿，坐西朝东，为无梁殿结构。其平面近方形，面阔25.1米，下部为白色大理石须弥座式台基，雕刻精美纹样装饰，上部殿宇为重檐歇山顶，覆绿剪边黄琉璃瓦屋面，正脊上置三座藏式小佛塔装饰。檐下施以琉璃质单

▲ 旭华之阁

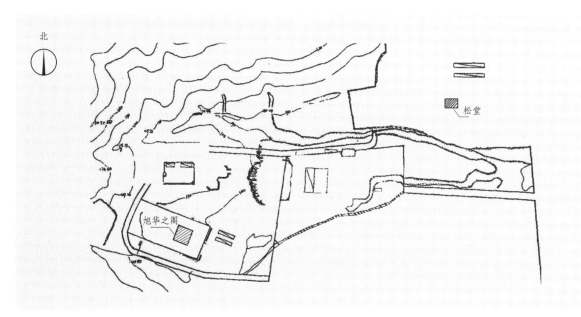

北

松堂

旭华之阁

▲ 旭华之阁及松堂平面示意图

▲ 旭华之阁

翘重昂五踩斗拱，额枋均采用黄绿琉璃烧出旋子彩画，绿琉璃博风板。殿外墙身涂朱，四面各开设拱券门窗，其中明间为拱券门，次间、梢间为券窗，均为白石券面，券脸石上雕刻大鹏金翅鸟、白象、狮子等宗教纹饰，

▲ 旭华之阁匾额

券窗内亦装饰石质三交六碗菱花窗。在殿宇前檐明间券门上嵌石刻横额一方，采用汉、满、蒙、藏四种文字书写"旭华之阁"，为乾隆帝御笔，后檐亦有石额书"梵光楼"（已毁）。殿内正中原供奉文殊菩萨塑像，前两侧竖立石碑二通（已被砸碎），左侧碑碑阳镌刻御写文殊像并赞，碑阴镌刻乾隆三十二年（1767年）御制诗一首；右侧碑碑阳镌刻乾隆二十七年（1762年）《御制宝相寺碑文》，碑阴镌刻满、蒙、藏三种文字的碑文。依殿宇形式及内奉塑像分析，旭华之阁应是文殊菩萨立体坛城。阁后原建有香林室、园庙、方庙、牌坊等诸多建筑，现均已无存。

▲ 旭华之阁山花

▲ 旭华之阁琉璃斗拱

▲ 旭华之阁券脸石雕刻

▲ 旭华之阁券脸石雕刻局部之一

▲ 旭华之阁券脸石雕刻局部
之二

▲ 旭华之阁券脸石雕刻局部
之三

▲ 旭华之阁琉璃彩画

松堂建于清乾隆十四年（1749年），原为焚香寺旁的小敞厅，名叫"来远斋"，是清乾隆帝来健锐营演武厅阅兵时休息用膳的地方，乾隆帝亦曾在此处为征伐大、小金川的回归将士设宴庆功。松堂坐西朝东，梁架结构全部采用汉白玉建造，石柱上镌刻楹联一副，上书：指云际千峰与怀蜀道，听松间万籁顿入梵天；横额曰策功绩武。松堂内有用紫石雕琢的宝座（今无存），座后为一石屏风，上面镌刻乾隆帝手书，内容是赞美健锐云梯营的诗和序，为后人研究乾隆平定金川提供了宝贵资料。堂后有古朴叠石与远处黛色的西山交相辉映，犹如一幅巨大的画屏，美丽异常。同时，松堂四周遍植白皮松，粗壮高耸，遮天蔽日，松堂之名便由此而来。

▲ 松堂

▲ 松堂翼角

▲ 松堂内石屏风

▲ 松堂梁架

▲ 松堂后叠石

▲ 松堂全景

古崖居遗址

古崖居遗址位于北京市延庆县城西约22公里处的张山营镇东门营村北的峡谷中，是由一支不见史志记载的古代先民在陡峭的岩壁上开凿的岩居洞穴，共有洞穴117个，是我国目前已发现的规模最大的崖居遗址，1990年被北京市人民政府公布为北京市文物保护单位。

古崖居开凿于明以前，其开凿者及用途众说纷纭。有学者根据《新五代史》推断其为古代奚族为避难而开凿的定居之所，也有的学者认为其是古代戍边军士的居所，无论哪种说法都缺乏考古或文献上的证据，至今仍是未解之谜。1984年古崖居由延庆县文物管理所调查发现，并对遗址进行了调查研究及较为细致的实地调查。1991年7—8月北京市文物研究所和延庆县文物管理所共同对古崖居遗址进行了初步试掘，共清理洞窟九座。1997年3—7月两部门再次联合对古崖居遗址进行了实地勘察和试掘，并进行了测绘及重新编号，同时新发现了洞室七座。2003年1月—2005年10月底，开始对古崖居进行化学保护实验。2005年3月14日北京市人民政府拨款286.9万元对古崖居进行抢险加固工程，2007年拨款81.27万元对古崖居进行化学保护。

古崖居洞窟群开凿于十万平方米的崖壁之上，分前、中、后三个区域，当地将其称为洞沟石窟，位于北京地区现保存下来的石室有120余座洞窟，洞室约20间，其中基本保存完好、形制可辨的洞窟85座，未开凿完的洞窟11座。古崖居洞窟的类型主要有马厩、居室、储藏室、议事厅等，外形或方形或长方形，窟室分为单室、双室、三室、多室等，面积由三四平方米至20多平方米不等，窟室间设阶梯相互通连，通常山体最下层为马厩和储藏室，上层为居室。此外，在一些石室内遗留有火炕、灶坑、锅台、石窗、壁橱、烟道、气孔、石龛、马槽等设施，生活功能完备。在通往洞窟群的山道上还开凿设置了两道寨门，并开凿了山寨门洞窟一座，拱券状，内有石炕、石灶，功能上类似今天的"门房"或"传达室"，使其成为一座完整的石窟居住村落。

奚王府洞窟位于整座洞窟群的前、后山之间，俗称官堂子，是古崖居遗址内规模最大、结构最复杂的洞窟，亦是其中心所在。奚王府洞窟分为上、下两层，共有窟室十座，每层左右对称分布，且各有其用途。洞窟下层为主窟室，平面呈"凸"字形，面阔最宽处达11米，进深8米，高3.6米，窟室前部设廊，由两根粗大的岩柱支撑洞顶（现岩柱仅存基础）。在主窟室后部的中央是雕凿成的四根岩柱合围成的高台，推测应为当时祭祀所用的神龛。主窟室外的其余窟室内门、

▲ 古崖居前山洞窟群

▲ 古崖居后山洞窟群

窗、炕、灶、马槽、烟道等一应俱全。由于奚王府洞窟所处位置特殊，独自占据一个山头，其形制、规模、尺度皆较其他窟室高级，雕凿精细，故当时应为村落首领居住或民众聚会、议事之处。

综观整座古崖居的窟室，不仅窟室的造型、用途等方面形式多样，其开凿的窟室尺寸及布局也是别具特色。

首先，古崖居窟室的构造尺度基本在1.7～1.8米之间，以现今的房屋构造尺度来看普遍偏低。同时，窟室内的火炕长度也多为1.6米左右。故似乎预示着洞窟的主人们平均身高均在1.6米左右。

其次，古崖居的窟室均开凿于山体背阴处，坐东向西，这在北方的较冷环境下是很不合常理的。同时，各窟室内的火炕也分布不均，前山与后山存在较大差别。例如，前山窟室面积较大，火炕却极为稀少，而后山窟室内火炕、马厩等生活设施齐全。由此推断古崖居的窟室应为前防御、后生活的结构布局，分工明确。

　　古崖居洞窟规划严谨、构思巧妙，洞窟类型及功能齐全，充分体现了古代先民高超的建造工艺和聪明才智，为研究该地区的历史以及当时人们的生产、生活状况提供了珍贵的实物资料。

▲ 古崖居步道

▲ 生活设施

▲ 储藏室

其他文物建筑

▲ 奚王府洞窟

▲ 古崖居洞窟群

▲ 古崖居洞窟局部

▲ 水井

爨底下村古建筑群

爨底下村古建筑群位于北京市门头沟区斋堂镇西北部柏峪沟中段，是明清时期京西贯穿斋堂镇地区西部东西向交通大动脉的最主要古驿道及京城连接边关的重要军事通道，也是清代前期重要的村落建筑文化遗存，2006年被国务院公布为全国重点文物保护单位。

爨底下村的名字源于爨头。所谓爨头，即距离爨底下村北一公里的地方，此地紧扼三沟之咽喉（柏峪沟、爨宝玉沟、双头石沟），

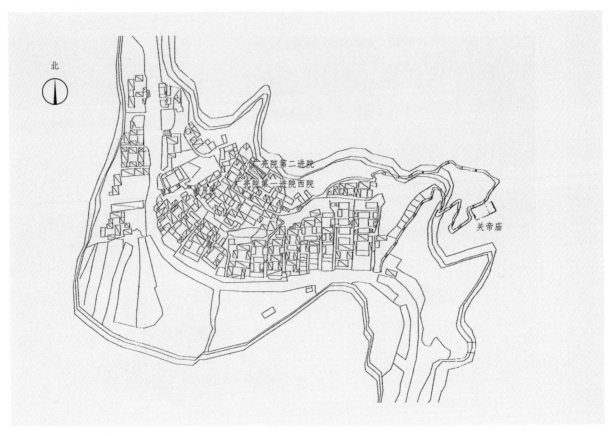

▲ 爨底下村平面示意图

当地人便根据其奇特的地形地貌将其命名为"爨头"。明景泰二年（1451年），朝廷在此设立关口，名爨里口，并建正城一道，其侧为明正德十四年（1519年）由守口千户李宫修筑的栈道，今古道上仍可见蹄窝印记。此后军兵及眷属渐至，逐步形成了村落，此时，因"爨头"在上，村落在下，故村以"爨底下"名之。

爨底下村以明朝弘治年间（1488—1505年）的世袭武官韩仕宁为祖先，据村内"祖先堂"记载该村韩门20代辈分，现已传至第17代，故村民皆姓韩。明弘治七年（1494年）韩仕宁卒，其后裔及族人逐步流向沿河城地区的村落及爨底下村等。清康熙五十四年（1715年），村落规模达到三十几户。抗战时期，村落遭受侵华日军破坏，其中

▲ 爨底下村全景

228间房屋被焚毁。1958年"大跃进"时期推行简化字，为方便地方及刻章用字，遂将村名改为"川底下"，1988年被门头沟区人民政府公布为门头沟区第一个"历史文化保护区"，并将村内的广亮院、石甬居院、双店院及关帝庙公布为门头沟区文物保护单位。爨底下村2001年被北京市人民政府公布为北京市文物保护单位，2002年列为北京市历史文化保护区，2003年被国家文物局与建设部命名为"中国历史文化名村"。

爨底下村选址符合中国古代的"风水理论"。村落处于从"双石头村"到"一线天"之间的峡谷中一处向阳坡上，四周群山环抱，东面空间开阔，西面空间狭窄，形成了"东入春风，西避寒气"的良好地理条件，具有"紫气东来"的格局。同时，古代"风水理论"强调环境的真、善、美、情，爨底下村周边山峰形如虎、龟、蝙蝠、金蟾及笔架、笔峰等生动形象，构建了"威虎镇山""神龟啸天""蝙蝠献寿""神笔育人""金蟾望月"等富有美好寓意的村景，塑造了古村的优美环境。加上村东的"门插锁财"、村西的"爨里安口"，形成了一处别具特色的风水宝地。爨底下村内古民宅院落以清代四合院为主体，兼有少量三合院，整体依山势修建，以村北馒头山包为中心，形成南北轴线，呈扇面状向下延展，通过严谨的规划及点、线、面形态相结合的应用，塑造了层次分明、形散而神聚的空间组合，可谓一幅古朴完整的"清代民居图"。同时，村落内由一条蜿蜒的街道分为上、下两部分，街道采用紫石、青石、灰石铺墁，山坡上根据地形在坡前砌石墙（据村里老人讲石墙用石灰砌筑，在砌石墙的同时砌条石突出墙体，为防洪水攀登而用），而后逐层垫渣土夯实以便建房，体现了典型山地四合院的特征。其不仅具有北京四合院的基本形制和以传统院落空间为核心的一般特点，又根据当地的自然环境因地制宜，形成了多种类型且独具特色的建筑形式。同时，爨底下村的古民宅院落在局部装饰上也是独具匠心，体现在了砖雕、石雕、木雕及

▲ 虎山　　　　　　　　　　▲ 龟山

▲ 蝙蝠山

▲ 一线天

▲ 一线天山洞

▲ 村道之一

▲ 村道之二

▲ 山地四合院之一

▲ 山地四合院之二

▲ 门墩

壁画四个方面。爨底下村古民宅院落的砖雕雕琢工序复杂，图案生动活泼并融入了匠人对美好生活的期盼。石雕则采用平雕与去地起凸的雕刻技法，纹饰种类及雕刻图案多种多样，反映了爨底下村人的生活文化。爨底下村的木雕采用细密的硬木雕刻，内容以透雕花卉为主，用于装饰门窗。而壁画画于门洞之内，采用中国国画的工笔淡彩技法，描绘了福禄寿、望子成龙等寓意美好的图案。村内现存古民宅院落74个，房屋689间，其中最具代表性的便是广亮院、石甬居院、双店院及磨盘院。

广亮院坐北朝南，建于清代早期，是爨底下村最高级别的四合院，亦是全村地势最高，位居中轴线的宅院建筑，清晚期及民国时期均进行过修缮。院落前后共两进，分东、中、西三路，共有房屋45间，院外环以围墙。东路前院南北狭长，方砖墁地，地下嵌方形石窝，以便搭架放置荆笆。倒座房三间，清水脊合瓦屋面，东侧一间辟为广亮大门，木质门罩透雕牡丹花纹样，寓意"富贵荣华"，廊心前绘清代山水壁画。两侧戗檐装饰精美砖雕图案，砖雕上部为荷花、牡丹花，寓意"阖家欢乐"，下部为"民国元宝"方孔钱和鱼，寓意"金钱有余"。墙腿石亦平雕精美图案，东侧残，西侧为"喜鹊登梅"。门前设踏跺七级，代表了主人的高贵身份，另有方形门墩石一对，顶部石雕狮子正面雕刻暗八仙纹样，侧面为花卉、瑞兽纹样。一进大门，脚下还平铺有石头两块，一为青石，一为紫石，寓意"脚踏青云，紫气东来"。跨过广亮大门可见院内正房三间，清水脊合瓦屋面，明间五抹隔扇门装修，前出垂带踏跺四级。东、西厢房各两间，板门装修，其中西厢房与中路前院东厢房呈勾连搭形式，且后檐墙前移，形成室内夹道，可通中路前院。此外，院内西侧地下设有地窖，青石嵌边，方口，木盖。后院地势高于前院，于东南角辟随墙门，院

▲ 广亮院全景

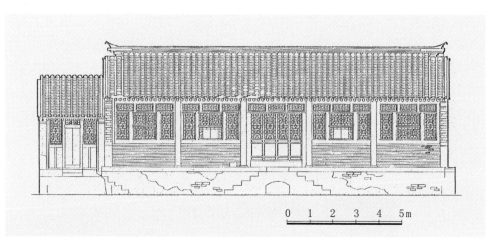

▲ 广亮院第二进院正房立面图

内正房三间，清水脊合瓦屋面，东山墙设山柱，西山墙则没有，建筑手法独特。东、西厢房建于陡坡之上，东厢为杂品间，西厢为花房。

中路院倒座房三间，东侧一间辟门，院内正房三间，东、西厢房各两间，其中东厢南侧设门可通东路，西厢为过厅可通西路。此院在抗战时被日军烧毁，现已修复。院落后的第二进院，又称"财主院"，坐落在龙头之上，为全村中轴线的最北端，是村落扇面布局的交会点，可俯瞰全村大部分房屋。院内正房五间，清水脊合瓦屋面，前有高大台基，明间五抹隔扇门装修，东、西两侧各出踏跺五级。室内青砖墁地，梢间与次间有木质隔扇分开，保存完好。正房西侧建有地窖，上起耳房一间，硬山顶合瓦屋面。穿过耳房即为后院，院内地势陡峭，仅建东向工具房两间，作为整座宅院的西北角，外侧环以围墙，将三组相对独立的院落合为一体。

西路院倒座房三间，东侧一间辟门，院内方砖墁地，有正房三间，清水脊合瓦屋面，明间五抹隔扇门装修，次间支摘窗装修。西厢房两间，合瓦屋面。

▲ 广亮院木门罩

▲ 戗檐砖

▲ 墙腿石

▲ 财主院

▲ 财主院屋脊蝎子尾

石甬居院坐落于爨底下村上部东侧尽头，前临人工垒砌的高大石墙，由三组坐北朝南的三合院构成，院内房屋22间，院子正中开墙垣式门楼，墙面采用磨砖对缝砌筑，木抱框上嵌雕刻精细的门簪。院内北房台基高大，东、西两厢较低，形成强烈的反差。石甬居院的三组院落西侧入口处原有大门，构成严谨的整体院落，布瓦覆顶，地面青砖铺墁，布局严谨，且院内墙壁上有大幅行书墨迹。

双店院为清代店铺，是为过往商旅提供食宿之所，坐落于爨底下村古道旁，二进并联式四合院，共有房屋36间，门楼七座，连接六座

▲ 石甬居院

▲ 双店院

北京古建文化丛书

▲ 石碾

院落。双店院门楼装饰精美砖雕，开四扇黑漆大门，既有专供人出入的，又有专供牲口出入的，可谓设计巧妙独特。第一进院内正房采用一明两暗结构，清水脊合瓦屋面，前后各设大门四扇。第二进院正房后砌高大墙体，并设置突出墙体的条石，以便发洪水时登上高墙避难。

磨盘院建于清代，坐落于爨底下村上层，是村内过去八个碾房中唯一保留下来的一个。磨盘院由磨房及其后的两座院落组成，磨房位于院落最南端，坐南朝北，清水脊合瓦屋面，屋内石碾子一盘，可人推也可马拉。磨房东侧有过道通其后的两座院落。磨盘院1号院内倒座房三间，正房三间（已毁），东、西厢房各两间，均为清水脊合瓦屋面，其中东厢南侧半间辟门，门前木质门罩装饰。磨盘院2号院内门楼一座，正房三间，东、西厢房各两间，亦为清水脊合瓦屋面。

爨底下村内除了古朴的古民宅院落外，还有数座寺庙建筑点缀其间，其中以龙王伏魔庙（关帝庙）、娘娘庙为代表。

龙王伏魔庙（关帝庙）建于清康熙五十四年（1715年），坐落于村东北的小山之上，坐北朝南，四周环以围墙，门前有老桑树一株。龙王伏魔庙原为龙王庙，后因爨底下村位于古道旁，商业发达，庙内便增设关帝，遂改为今名，村内人称"大庙"。现庙宇有门楼一间，灰筒瓦屋面，双扇板门，门洞内有墨书题记，左曰：□座宝刹似□□，十方子弟来进香，口诵真经念□咒，古佛下界降祯祥。右侧字迹模糊不清，难以辨认。庙内正殿三间，前出廊，硬山顶调大脊，覆灰筒瓦屋面，檐下施以苏式彩绘，明间隔扇门四扇，前出垂带踏跺五级。殿内龛台正中原供奉关帝坐像，两侧为龙王像及风、雨、雷、电四神像，龛台下为周仓持刀和关平捧印立像，现均已无存（今新塑关帝像及周仓、关平像供奉其中）。殿内后墙墨绘壁画，中间为四扇屏风，两侧为云龙行空和神龙吐水图案。两侧山墙上前端亦有墨画碑

▲ 关帝庙正殿

记，左侧额曰万古流芳。西配殿三间，过垄脊合瓦屋面，明间隔扇门四扇，前出踏跺两级，配殿北侧接耳房一间。

娘娘庙坐落于村东南侧山坡上，一间，硬山顶调大脊合瓦屋面，立面无门窗，前有照壁一座，殿内龛台上供奉娘娘彩绘坐像一尊，前有两尊侍女像。

爨底下村作为一座清代古村，既有其精美的建筑文化，又有浓郁的地方特色。例如，在爨底下的婚俗中就有花轿天不亮进门的讲究，即娶亲的花轿要在天不亮就到女方家去接亲，据说是怕在天亮后回来遇上穿孝的和未出嫁的姑娘而冲了喜气，这种特殊的婚俗至今仍有所保留，但已有了一定变化。

拜关帝是村中的主要祭祀活动，其目的是为了保佑村庄平安，免灾祛病，商人到此也会上香祭拜，祈求行商安全，招财进宝。此外，爨底下的每座四合院大门口都设置一座门神龛，位于院门右侧，神龛

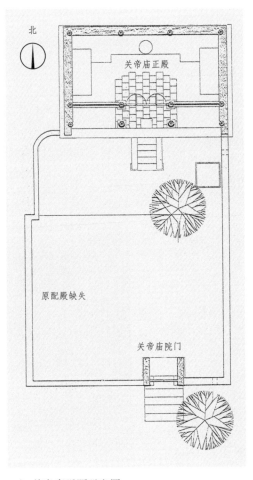

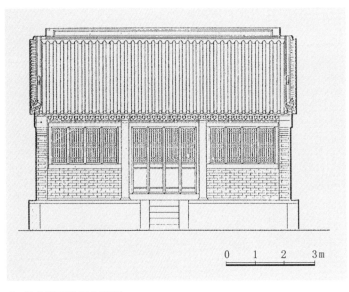

▲ 关帝庙正殿正立面图　　　　　　　　　▲ 关帝庙平面示意图

▲ 娘娘庙   ▲ 门神龛

嵌于墙内，四周各种纹样装饰，规格一般为30cm×15cm×15cm，龛内供奉墨书门神爷神荼、郁垒的名号。

    爨底下村无论是在建筑艺术还是民俗文化上均具有较高的研究价值，其建筑依山势而建，色彩鲜明，规划严谨，整体精良，因地制宜，巧用空间，对研究清代民居建筑、雕刻艺术和山区建筑艺术、建筑风格等诸多方面提供了极好的实物资料。同时，村内的各种民俗文化亦是研究民族传统文化的宝贵财富。

灵水古村落

灵水古村落位于北京市门头沟区斋堂镇西南部，地处山谷底，位于北京西部深山之中，北控塞外，西携秦晋，东望京师，南眺冀野，自古就是北京古驿道上的重要村落，2005年被门头沟区人民政府公布为门头沟区文物保护单位。

灵水村的名称来源有两种说法，其一曰村落在明代已经形成，因当时村中泉水众多，泉水水质甘且冷，故而时称"凌水""冷水"，后因谐音改为今称。其二曰古时村中庙宇神佛灵验，病者祈求圣水医治，喝后即可痊愈，于是便易名为灵水。据《宛署杂记》中关于灵泉禅寺的记载，"灵泉寺在凌水村，起自汉时。弘治年僧员海重修，庶吉士王伦记"，似乎第一种说法更为确切些。不过，无论以上哪种

▲ 古道

说法，灵水村名的由来都反映了村中旧时多泉水的特点，可谓是水源之地，只不过后期由于过度开采煤矿，致使现今的灵水缺水。

▲ 民居

▲ 门神龛

灵水村的村民以刘姓、谭姓为主，也包括田姓、杜姓、王姓等小姓氏。现今灵水村内仍保存有一本清代的谭家"世系谱"，抄写于清光绪十五年（1889年），作者为谭兴邦。"世系谱"中清楚地记载了谭家自清雍正九年（1731年）开始的清朝十代及复续十代的排辈字面次序，对于研究灵水村的谭姓渊源提供了珍贵的历史依据。20世纪80年代，灵水村大力兴建煤窑，依靠采煤推动村内经济发展。1985年门头沟区人民政府将龙王庙戏台及柏抱榆公布为门头

▲ 古宅门楼

其他文物建筑

沟区文物保护单位。1990年随着北京产业结构的调整，灵水村关闭了煤窑，并于2000年开始发展旅游业。

灵水村村域面积6.4平方公里，略呈长方形，西北高，东南低，村内街巷纵横交错，却没有主要街道贯穿全村。村内现有民居院落共162套，房屋约1100间，多为明清时期建筑。其中明代民居宅院6套，房屋22间，清代民居宅院约120间。同时，灵水村的四合院主要由正房、倒座房、东厢房、西厢房组成，合围成"口"字形庭院，其四合院的建造标准、规格、装饰等均体现了严格的等级制度，是明清时期中国北方乡村民居建筑的典范。在众多保存完整的民居宅院中，前后五进院落的"举人宅院"最具代表性。

该座"举人宅院"原为明代富绅刘增昆所有，为南北向五座相连的四合院，各院于东侧开旁门出入，使各院落独立成一个单元存在，而整座院落又在前后正中位置开门，由前门进入可以贯穿五座院落直通后门，俨然成为一个整体，共有房屋90多间。"举人宅院"在建筑的石刻、砖雕、照壁、楹联等局部装饰上也是别具特色，既有别于北京地区的传统四合院建筑，又不同于一般的现存乡绅居住的建筑。据说，此宅在清雍正年间由刘增昆的后代刘明正居住，其下五子均文采出众，并全部考中举人，故宅院又名"吉星堂"。现今的宅院由于年久失修，后边的几个院子已有所破损。

另外还有一处"举人宅院"也很引人关注，那就是灵水村最后一位举人刘增广的宅院。这座宅院坐落于灵水后街，为清咸丰、同治年间的民宅建筑，旧有屋舍23间，共三进院落，后面还带有花园。此宅据说为刘增广的父亲所建，抗战前在宅院大门上还挂有匾额一块，书"文魁"，现已无存。1939年宅院遭日军焚毁，仅存门楼及内宅院门，后于原基址重建房屋。宅院设雕花门楼一座，为原宅院建筑，皮条脊，门前砖砌影壁一座，脊上装饰虎头图案瓦当，颇具艺术特色。第一进院内正房三间为过厅，倒座房三间，东、西厢房各两间，均为合瓦屋面。第二进院北部中间设内宅院门一座，残破过甚，皮条脊，两侧为青砖花墙。院落两侧另有厢房各两间。穿过内宅院门便进入第三进院落，院内正房三间，建于高大台基之上，合瓦屋面。东、西各三间，亦为合瓦屋面。此外还有刘懋恒宅院、谭瑞龙宅院、刘明飞宅院、"武举人"宅院等几座灵水村典型的"举人宅院"。

灵水村地处古驿道上，历史上曾一度商业繁荣，著名的店铺就有三元堂、大清号、荣德泰、全义兴、三义隆、德盛堂、济善堂、全义号共八座，合称"八大堂"，其中三义隆古宅院最具特色。

三义隆古宅院为一座保存完好的清代四合院，坐西朝东，院落门楼一座，清水脊，脊下左侧雕三条鲤鱼，头对头呈三角形，寓意"家庭和睦"；右侧雕大鲤鱼一条，寓意"后代要有鱼跃龙门之势"，这种奇特的雕刻手法体现了山地四合院建筑风格中的不对称美。门楼墙腿石雕刻也极具特色，其左侧雕刻荷花图案，寓意"家庭和美"；右侧雕刻牡丹花图案，寓意"富贵荣华"。在门楼前有照壁一座，照壁心雕"戬"字样，门内另设座山影壁一座。院内上房（西房）三间，东房三间，南、北厢房两间，均为硬山顶清水脊合瓦屋面，窗户作步步锦棂心，上雕"喜鹊登梅"图案。在南房墙腿石上还雕刻有莲花、莲蓬纹样，寓意"和美"。三义隆古宅院内东南角还设有地窖口，直通位于东房下边的地窖。

灵水村除了上述建筑文化外，其宗教文化也有别于其他村落。灵水村的宗教文化是三教合一，即佛、道、儒三教结合，其鼎盛时期共有寺庙17座，其中具有代表性的包括灵泉禅寺、魁星楼、南海火龙王庙等。

灵泉禅寺位于村内娘娘庙北侧，坐北朝南，原名瑞灵寺，明代时改为今名，又称"玉皇庙""大庙"。据古籍记载，"灵泉寺在凌水村，起自汉时。弘治年僧员海重修，庶吉士王伦记"[1]，嘉靖十二年（1533年）再度重修，原有山门、天王殿、关公殿、三世佛殿、三大

---

[1] ［明］沈榜：《宛署杂记》第十九卷，言字，北京古籍出版社，1983年12月，第228页。

▲ 灵泉禅寺山门

士殿等建筑，规模宏大，现仅存山门、影壁及汉白玉须弥碑座各一。

灵泉禅寺山门为砖石结构，面阔4.1米，进深2.5米，歇山顶灰筒瓦屋面，拱券门，券脸石上雕刻三幅云纹样，券门之上嵌匾额一方，书"灵泉禅寺"，

▲ 灵泉禅寺匾额

匾框装饰八达马纹样。山门两侧另设旁门一座（西侧门已无），规模形式相同。山门前影壁一座，高约2米，宽10米，厚0.6米，硬山顶清水脊，覆灰筒瓦屋面。汉白玉须弥碑座位于院内树根下，装饰朴素。

魁星楼位于村落东北坡的高台上，明代以前创建，是典型的儒教建筑。该楼坐北朝南，据古籍记载为悬山式卷棚顶，面阔六米，进深六米，现仅剩残基。相传，村中必须有三个以上的人考中举人或秀才时才可以修建魁星楼，由此也可见灵水村不愧为"举人村"。魁星楼与附近的文昌庙还共同构成了灵水八景之一的"文昌高照"。

南海火龙王庙位于村落西莲花山麓，建于金代，坐北朝南，寺内重要建筑已塌毁。龙王庙山门一间，歇山顶屋面，拱券门，券脸石已遗失，券门之上嵌匾额一方，书"南海火龙之庙"，匾框装饰八达马纹样。山门东侧另设旁门一座，规模形式相同。山门前还有古树一株，凸显古庙幽静之风。进山门亦有古柏一株，其上长桑树一株，人称"柏抱桑"。其后不远另设二门，门内有殿宇三间，硬山顶调大脊灰筒瓦屋面，脊上作龙纹装饰。龙王庙西跨院有南菩萨殿三间，硬山顶调大脊灰筒瓦屋面。跨院内古柏一株，其上长榆树一株，人称"柏抱榆"，是灵水八景之一。在龙王庙外还有八角形石砌龙池，旧时池中饲养金鱼，故形成了灵水八景之一——鱼池赏月，现仅存一大坑。

龙王庙门前还有一倒座古戏台，坐南朝北，建于明代，与龙王庙山门相对。戏台下部为石砌台基，面阔三间，硬山顶皮条脊灰筒瓦屋面，明次间隔扇门装修，内部设有隔扇划分前后台，1985年被门头沟区人民政府公布为门头沟区文物保护单位。

除了建筑之外，灵水村内古道交错，有些地方两侧古宅林立，有的地方一侧松柏垂斜，人们置身悠悠古道之中，无不感到古代灵水村的繁华，商贾穿行其间，读书声回荡于街巷之中，人们生活安乐，宛然一派国泰升平的景象。灵水村自建村以来逐渐形成了崇文重教的文化传统，是古代科举文化的集中体现，在明清科举制度下，先后出过

其他文物建筑

▲ 南海火龙王庙

22名举人，两名进士。民国初年
更是有六人考入京师大学。

　　灵水村作为京西著名的古
村落，它所保留的古道、古民
居、古寺庙等，为研究明清时期
京西村落文化，尤其是灵水村村
落文化提供了珍贵的实物资料，
同时作为科举文化村，也为研究
古代科举制度提供了参考价值。

▲ 戏台

大运河

通惠河是京杭大运河最北的一段，是元、明、清时期漕粮进京的重要运输河道，为中国封建社会后期的政治、经济、军事、文化以及北京城的发展作出了巨大的贡献。

元朝初年，元世祖忽必烈为解决江南漕运抵通州后大都城与通州间的粮运问题，于至元十六年（1279年），采纳郭守敬的建议，在旧水道的基础上，拓建一条重要的运粮渠道，叫阜通河。阜通河以玉泉水为主要水源，向东引入大都，注入积水潭，再从积水潭的北侧导出，向东从光熙门南面出城，接通州境内的温榆河。温榆河下通白河（北运河）。由于玉泉水的水量太少，运河河道比降太大，沿河必须设坝调整。为此，于28公里长的运河沿线，修建了七座水坝，人称"阜通七坝"，即闻名大都城的坝河。坝河的年运输能力约为100万石上下。随着漕粮的数量逐步增加，仅靠坝河转运，根本不能满足运输的需要，于是通惠河就成为第二条水运粮道。有元一代，坝河与通惠河共同承担由通州运粮进京的任务，成为大都城至通州的两条重要运粮水道。

元至元二十八年（1291年），郭守敬为都水监，主持新河工程。元至元二十九年（1292年），新河工程正式开工，至元三十年（1293年）八月完工。该河源自北京昌平白浮泉，沿山麓、按地势向南开凿集水渠，汇集白浮泉、双塔、玉泉等河水经昆明湖向东南注入城北积水潭，而后从积水潭向东，沿皇城东侧南流，出大都城南城墙，再沿金代的金口河故道向东，至通州入北运河，全长82公里。该河主体工程建成后，忽必烈赐名通惠河。通惠河的建成，使南来的粮船可直接驶进积水潭，大都城的粮运问题至此基本解决。史籍记载，元代的通惠河，百船聚泊，千帆竞渡，热闹繁华。在元朝中后期，每年最多有二三百万石粮食从南方经通惠河运到大都。这条河道在明朝和清朝一直得到维护，明代以后改称御河（玉河）。清朝末年，随着商品经济的发展和铁路的延伸，加之水环境的退化，繁荣了元、明、清三朝，延续数百年的漕运开始衰落。到清光绪二十六年（1900年），由于京津铁路通车，北京段运河遂废，导致通惠河的漕运停运，漕运正式退出历史舞台。河道虽然废弃，但通惠河的历史功绩却永存于北京城的发展史中。

通惠河的水流虽然沿途会聚西山各泉各河，但是水量还是偏小，特别是枯水季节，情况更是严重。为了节制水流，以便行船，通惠河的主要干线上修建了24座水闸。自广源闸起，河上修建有11处控制水量的闸水设施，排列有11个闸名，从西向东有，依次称为广源闸、会川闸、朝宗闸、澄清闸、文明闸、惠河闸、庆丰闸、平津闸、溥济闸、通流闸和庆利闸。这些水闸建筑为通惠河的漕船运输发挥了巨大的作用。

在一般情况下，有闸就有桥，二者是相辅相成的。就其名称而言，桥与闸应是两种截然不同的建筑，无论是造型还是功能，虽全部建造于水上，但桥通水而闸阻水，毫无共同之处，而桥闸将这两种不同性质的建筑融于一体，桥与闸相伴建造，使其既可通行车马，又可排洪蓄水。通惠河上的桥闸就是最好的例证，类似的建筑还有什刹海东边的万宁桥和澄清闸、白石桥西边的广源闸、长河之上的高梁桥闸以及通惠河上著名的庆丰闸等。

北京地区的桥闸除了用于河道上蓄、排水便于行船之外，还有相当多的地方使用桥闸。例如，桥闸曾广泛应用于苑囿、坛庙、护城壕等重要水工建筑，为古代北京的繁荣和发展作出了巨大贡献。

桥闸的形制有梁式和拱式两种，实际上是指梁桥和拱桥两种不同形制的桥型与闸混合建造而成。具体而言，桥闸分为闸上桥和闸边桥

▲ 万宁桥闸

两种，闸上桥是指桥体建于闸之上，其构造是在建桥时，预先在桥的迎水一侧或桥体中部的巨大条石上，留好安放闸板的槽口，闸板直接作用于桥孔的前部，不仅闸板用于阻水，而且桥体本身亦可充当闸坝的功能，闸工可以站在桥上控制闸板的起落，这种闸多用于梁式桥，如广源闸、庆丰闸等。闸边桥是指桥与闸分开建造，闸位于桥的迎水一侧，两者相距很近。此种闸多见于拱式桥，如位于西直门外的高梁桥闸及万宁桥闸等。

▲ 颐和园绣漪桥闸

桥闸的种类，按其使用性质可分为三种建筑类型，第一种是进水桥闸，位于河湖的上游，其功能是控制苑囿中湖水的进水量，少则提闸进水，保证园内景观之需，多则开闸放水，保证景区的安全，例如圆明园内的五孔桥闸和西苑的先蚕坛闸等。第二种是减水闸，这种闸具有一定的

▲ 绣漪桥闸侧面

▲ 平津闸遗址全景

▲ 平津闸遗址局部之一

▲ 平津闸遗址局部之二

标高即为闸坝阻水的极限，当水量超过这个限度，会自动溢出流走，不致因水量过大而冲垮桥闸，这种闸多建于季节性较强的河流或湖池之上，枯水季节起蓄水之作用，汛期则起排放洪水的功能，圆明园内的七孔桥闸、颐和园绣漪桥闸等均属此类。第三种为平水桥闸，又称积水闸，完全用于蓄积河水之用，特别是枯水季节，这些闸将涓涓细流汇集起来，成为巨河，为航运提供足够的水源。贯穿北京的通惠河，其上建造的诸座桥闸全部属于这种建筑类型。

桥闸上建屋造厦实为罕见，而位于通县旧城中心的通流闸，明代时就曾在桥闸上建有三官庙一座，明末时环庙民居大部被焚毁，而此庙因居河中独存。清顺治二年（1645年），将其改建为阁，额作"灵显"，闸、桥、阁三位一体，独具匠心，堪为古代水工建筑之佳作，可惜这座建筑于康熙十二年（1673年）被火烧毁。

桥闸最初为木质构造，易糟朽，元代中期后，全部改为石质，作为永久之固。除此之外还有用铜来建闸的，如京西金口闸等，而用银建闸更加令人瞠目。据《北平游览指南》记载，银水闸在东安门内沙滩南，桥闸的横梁正中镌"银闸"二字，上首亦镌"大元元统癸酉秋奉旨筑银闸一座"。用纯银造闸，造价之高，规模之大，实属罕见。现在保存较为完整的桥闸数量不是很多，其中保存较好的有广源闸、平津闸和金门闸等。

广源闸位于紫竹院街道苏州街万寿寺东南，是目前通惠河（长河）上保存最完好的桥闸。

广源闸建于元代至元年间，跨长河而建，是通惠河上游的头闸，号称"运河第一闸"，其结构大体分为闸门、闸墙和闸基三部分，现在除木质闸板已糟朽外，闸墙和闸基依然坚固。广源闸桥原为木桥，后改为方孔石平桥。闸桥用花岗岩垒砌，长约11米，两边呈喇叭口状，闸水道进水处略窄，为5.9米，出水处略宽，为6.1米，中间有闸板槽，放闸板就能控制水量。水闸中间正对水道，河闸两侧石墙上各雕有一只做工精致的镇水兽，上水下水四墙上各一只，总共四只，形象生动，保存基本完好。据记载广源闸是官闸，设专职兵卒看管，闸板上镶有铁活龙头，十分气派。

广源闸桥旁设有船码头，当年乾隆皇帝以及后来的慈禧太后等帝后去西北范围游幸，都是先乘着骡车沿高梁河西行，在广源闸桥一侧的万寿寺行宫下榻歇息。然后广源闸下闸阻水，将长河水面调高，皇帝等一行人再转乘龙舟走水路往颐和园等皇家苑囿。

广源闸桥北侧建有龙王庙，每年腊月二十三龙王过生日，这里便成为北京最热闹的地方，届时，皇帝也要祈祷龙王保佑高梁河、永定河不发洪水，保佑京城平安。除此之外，广源闸桥一带在明清时期为京城游春踏青胜地。每逢清明时节，这里游人如织，热闹非凡。

1979年长河改造，桥面改为钢混结构。现在广源闸虽然失去截水功能，但闸体上的桥梁仍作为交通桥使用。1999年公布其为海淀区文物保护单位。

金门闸桥位于北京市房山区琉璃河地区窑上村东南，是我国古代水工建筑史上一项极伟大的工程，也是北京地区永定河流域仅存的一处保存完整的古代水利工程。

金门闸桥建于清代初年。历史上奔腾不息的永定河是流经北京地区的大河，经常泛滥成灾，经清康熙三十七年（1698年）的大规模治理后，稍有好转，但河床淤积仍然严重，时有漫溢之险。为控制河水泛滥，康熙四十年（1701年）于永定河右岸竹络坝北修建了一座草闸，引牧牛河之水冲刷永定河的泥沙，即所谓"借清刷浑"的水利治理工程。之后，又于康熙四十六年（1707年）将草闸改为石闸，取名"金门闸"，此为建闸之始。然而，自建成之日至雍正二年（1724年），金门闸仅使用了23年时间，即因永定河泥沙量过大，日

▲ 广源闸桥

▲ 兽头

日淤积，已高出河床，形成倒流之势，闸遂废弃。清乾隆三年（1738年），在原址重新建造水闸控制河水流量。此次所建的水闸形制是石砌溢水坝，枯水季节积聚水源，用于灌溉，丰水季节水流从溢水坝流出，放出适量的永定河水，因此金门闸对周边的农业生产起到一定的积极作用。同时，石闸的建成，极大地减轻了洪水的泛滥，保障了两岸的安全。乾隆六年（1741年）和三十五年（1770年），先后对石闸进行修缮，并对金门闸溢水坝逐步进行了加高加宽，保证了石闸的坚固持久。清同治十一年（1872年），再一次对闸坝进行了大规模加高改造工程，工程竣工时在溢口南岸立碑，记载修桥补路事宜。

现存的金门闸是清宣统元年（1909年）重建的，以水闸功能为主，石闸整体均为花岗岩条石砌筑，保存基本完整。金门闸为顺堤南北排列式建造，南北宽161米，东西进深62.7米，有闸道15孔，主体由南北金刚墙及其间的14座鸡心垛组成。金刚墙长28.6米，高8.5米，14座鸡心垛置于高5.8米的龙骨之上，形制、规模相同，均列于金刚墙之间，闸道每孔宽4.35米。鸡心垛迎水面（东向）砌成三角形用以分水，每垛长6.02米，宽2.52米，高2.7米。每闸桥墩上有四根条石闸臂，两两一组，闸臂顶端开有圆孔，横放木轴用于绳吊闸板调节收放。石礅上沿有五个凹槽放方木为梁，横铺木板，板上垫三合土成桥面，桥面宽4.7米，可以通行车马。上下游两侧砌有八字翼墙。

由于永定河百年来水量逐年减少，近20年已无河水，金门闸桥被废弃多年，南部两孔闸桥被改造，一个个旧闸桥墩被黄沙掩埋，荒草杂树包围四周。现

▲ 金门闸遗址

在，金门闸虽然失去了实用功能，但其在历史上创造的功绩和作用却是永存的，并成为古代北京治理永定河历史的见证。金门闸现为房山区文物保护单位。

庆丰闸位于朝阳区东便门外通惠河以东1.5公里处，是通惠河上著名的古代桥闸之一。

庆丰闸是一座调节通惠河水量的水工建筑，对通惠河蓄水泄洪、通漕运粮曾起过重要作用。其始建于元至元二十九年（1292年），初名籍东闸，为木制水闸。元至顺元年（1330年），木闸改建为石木结构水闸式桥，并改名庆丰闸，因在通惠河的水闸里排行第二，俗称

▲ 庆丰闸遗址

二闸。闸桥上能行车走人，每桥孔下面砌闸口，闸口可放13块木制挡水闸板，闸板两头有大铁环用于收放闸板，桥孔下面是石块砌河底。明、清两代都派专人看管水闸。现二闸桥已不存在。

明清时期庆丰闸一带为京东著名风景区，有"北方秦淮河"之称，河水清冽，风光秀美，成为市民们游览泛舟的好地方。清代官吏完颜麟庆，在《鸿雪因缘图记·二闸修》中写道："其二闸一带，清流萦碧，杂树连清，间以公主山林濒染逸致，故以春秋佳日都人每往游焉或泛小舟，或循曲岸，或流觞而列坐水次，或踏青而径入山林，日永风和，川晴野媚，觉高情爽气各任其天，是都人游幸之一。"

明清时期这里商业繁华、游人如织，是十分热闹的地方。庆丰闸

南北村落里有酒楼、饭馆、茶肆、旅店、店铺等，同时演出秧歌、舞狮、高跷、唱大鼓、时调等，此起彼伏，声声环绕。闸北有龙王庙，引来八方游人进庙烧香。

现在，河道两侧仍保留元代虎皮石河墙及闸门槽。1998年在闸址上一侧建汉白玉雕拱桥一座，长38米，宽4.4米，高7.8米，拱形结构，栏板望柱均采用元代模式。桥西的南、北两岸护坡上安置重五吨的元代镇水兽、石刻青龙和驷马等吉祥物。闸区北岸修建仿元代屋脊式碑墙，墙上刻有关于庆丰闸的史料及绘画。遗址旁立有一通仿元代庆丰闸碑，碑文记载了通惠河的整治工程和庆丰闸遗址保护工程的历史，现为朝阳区文物保护单位。

主要参考资料

[01] 何炳棣：《中国会馆史论》，中国台湾学生书局，1966年2月。

[02] 张德泽：《清代国家机关考略》，中国人民大学出版社，1981年10月。

[03] 北京市文物事业管理局：《北京名胜古迹辞典》，北京燕山出版社，1989年9月。

[04] 王天有：《明代国家机构研究》，北京大学出版社，1992年9月。

[05] 胡焕春、白鹤群：《北京的会馆》，中国经济出版社，1994年5月。

[06] 王世仁：《宣南鸿雪图志》，中国建筑工业出版社，1997年8月。

[07] 北京市档案馆：《北京会馆档案史料》，北京出版社，1997年12月。

[08] 杨慎初、蔡道馨、蔡凌：《中国建筑艺术全集》第10卷，书院建筑，中国建筑工业出版社，2001年5月。

[09] 王世仁：《王世仁建筑历史论文集》，中国建筑工业出版社，2001年7月。

[10] 傅熹年：《中国古代城市规划、建筑群布局及建筑设计方法研究》，中国建筑工业出版社，2001年9月。

[11] 周均美：《中国会馆志》，方志出版社，2002年11月。

[12] 亚纪光、柳肃：《中国建筑艺术全集》第11卷，会馆建筑·祠堂建筑，中国建筑工业出版社，2003年3月。

[13] 梅宁华：《北京辽金史迹图志》，北京燕山出版社，2003年9月。

[14] 方彪：《北京的茶馆会馆书院学堂》，光明日报出版社，2004年9月。

[15] 陈平、王世仁：《东华图志》，天津古籍出版社，2005年9月。

[16] 申万里：《元代教育制度研究》，武汉大学出版社，2007年1月。

[17] 李金龙、孙兴亚：《北京会馆资料集成》，学苑出版社，2007年4月。

[18] 段柄仁：《北京胡同志》，北京出版社，2007年4月。

[19] 于德源、富丽：《北京城市发展史》先秦——辽金卷，北京燕山出版社，2008年8月。

[20] 王岗：《北京城市发展史》元代卷，北京燕山出版社，2008年6月。

[21] 李宝臣：《北京城市发展史》明代卷，北京燕山出版社，2008年6月。

[22] 吴建雍：《北京城市发展史》清代卷，北京燕山出版社，2008年6月。

[23] 袁熹：《北京城市发展史》近代卷，北京燕山出版社，2008年6月。

[24] 北京门头沟村落文化志编委会：《北京门头沟村落文化志》，北京燕山出版社，2008年7月。

[25] 李德成：《藏传佛教与北京》，华文出版社，2009年5月。

[26]《延庆文化志》编委会、延庆县文化委员会：《延庆文化志》文物卷，北京出版社，2010年2月。

主要参考资料

后记

  《北京古建文化丛书》是由北京市古代建筑研究所和北京出版集团公司下属的北京美术摄影出版社共同策划的一项大型出版工程，由北京市古代建筑研究所具体负责编写工作。本书是其中的一卷。

  本书是集体劳动的成果：命题立意、结构框架由编委会共同讨论确定；稿件由韩扬、侯兆年审订；参与写作的人员有梁玉贵、高梅、董良、沈雨辰、王丽霞；书中实测图主要由北京市古代建筑研究所提供；书中广泛收集、整理多位摄影家的作品，很多摄影家还根据本书内容需要，积极参加补拍工作。在此，向所有参与工作的人员表示衷心的谢意。

  在本书编写过程中，得到各区、县文物部门和相关管理、使用单位以及本单位同事的积极协助，在他们热情、无私的帮助下，我们顺利完成此卷全部文稿。在此向所有对本卷编写和出版给予支持和帮助的同人表示诚挚的感谢。

  我们在书中引用、借鉴了许多前作，这些资料对本书的充实起了重要的作用，在此一并致谢。

  我们自身水平有限，书中难免有错误和疏漏之处，真诚希望广大读者和专家同人给予批评指正。

编者